"偷懒"的人类

写给孩子的发明史

耳听万物声

董淑亮 著

长江出版传媒 ｜ 长江少年儿童出版社

图书在版编目（CIP）数据

耳听万物声 / 董淑亮著 . —— 武汉 : 长江少年儿童出版社 , 2024.6
（"偷懒"的人类·写给孩子的发明史）
ISBN 978-7-5721-2443-3

Ⅰ . ①耳… Ⅱ . ①董… Ⅲ . ①创造发明 – 技术史 – 世界 – 少儿读物
Ⅳ . ① N091-49

中国国家版本馆 CIP 数据核字（2024）第 025247 号

"偷懒"的人类·写给孩子的发明史 ｜ 耳听万物声
TOULAN DE RENLEI XIE GEI HAIZI DE FAMING SHI ｜ ER TING WANGWU SHENG

出 品 人 : 何 龙	封面绘图 : 夏 曼 吴秋菊
策 划 : 姚 磊 胡同印	内文绘图 : 夏 曼 何 苹 胡静丽
执行策划 : 辜 曦	责任校对 : 邓晓素
责任编辑 : 辜 曦	督 印 : 邱 刚 雷 恒
美术编辑 : 徐 晟 王 贝 董 曼	

出版发行 : 长江少年儿童出版社
地　　址 : 湖北省武汉市洪山区雄楚大道 268 号出版文化城 C 座 12、13 楼
邮政编码 : 430070
网　　址 : http : //www.cjcpg.com
业务电话 : 027—87679199
承 印 厂 : 武汉精一佳印刷有限公司
经　　销 : 新华书店湖北发行所
开　　本 : 720 毫米 ×1000 毫米　1/16
印　　张 : 9.25
字　　数 : 120 千字
版　　次 : 2024 年 6 月第 1 版
印　　次 : 2024 年 6 月第 1 次印刷
书　　号 : ISBN 978-7-5721-2443-3
定　　价 : 35.00 元

本书如有印装质量问题，可向承印厂调换。

董淑亮

　　著名科普作家，中国科普作家协会会员，江苏省首席科技传播专家。出版《美人鲨》《科学小院士·童话里的科技馆》《语文课里的科学秘密》等图书130多部，共计1000多万字。代表作有《挂在太空的鸟巢》《董老师讲故事》《螺壳上的日历》《大树·小草·春天》等。作品获共青团精神文明建设"五个一工程"奖、福建省优秀科普作品奖、江苏省优秀科普作品奖、冰心儿童图书奖、上海好童书等，入选国家"十二五"重点图书规划项目、"全国中小学图书馆（室）推荐书目"等。

发明创造，是为了让生活更美好

　　许多发明的诞生，都是为了让生活更美好。发明创造的历史，本身就是科学史的一部分。这些发明创造，是推动人类文明进程的关键。阅读发明创造故事，领略科学家发明创造的智慧，是一次有趣的科学之旅。星星点点的智慧火花，将更好地照亮孩子学科学、爱科学、用科学的人生前程。

　　在人类漫长的进化史上，聪明的人类总是通过发明创造，让生活变得越来越舒适和安全，当然，我们也可以说发明的出发点可能是为了"偷懒"。至关重要的是，人类在认识事物、探索未知世界的过程中，能勇于实践，大胆想象，在锲而不舍的努力中，一步一步地走向成功。

　　为了让眼睛看得更清楚，人类发明了眼镜、显微镜、望远镜、照相机、夜视仪……这些发明不是一蹴而就的，而是由一代又一代人不断地改进，经过漫长的努力与辛勤的劳动，才会不断孵化出来，从而使我们的眼睛看得更清、更远，生活变得更好。

　　为了让嘴巴获得更香、更甜美、更丰富的食物，人类做了许多努力。从主食到副食，包括果腹的美餐、可口的饮料，还有奇妙的食物储存、未来食品……一路走过来，处处皆学问。这里有许多绝密档案，翻开书就会获得这些知识。

　　为了让声音传得更远、更快，让声音更好听，让声音保存得更好，与耳朵有关的一系列发明创造诞生了：从最早的听诊器，到电报机、电话机、手机，以及录音机、收音机，还有各种各样的乐器，甚至集眼睛和耳朵的功能于一身的雷达……一句话，对人类的耳朵来说，声音永远充满了神奇的诱惑力，正是这种诱惑力催生了无数重要发明。

为了让手更有力、更准确、更灵活，让手从托、举、拉、推等"苦役"中解放出来，诞生了与手有关的一系列神奇发明：从人类最早对力的认识开始，有了笔、刀、针、枪，以及与火相关的能源，每一步都是小小的，可是聚沙成塔，"偷懒"的人类越走越远……一句话，人类靠双手彻底改变了世界。

为了让双脚走得更远、更快，登得更高，潜得更深，人类发明了鞋子，自行车、汽车、火车，轮船、潜艇，飞机、宇宙飞船……人类啊，依靠双脚勇闯世界，实现了"可上九天揽月，可下五洋捉鳖"的辉煌梦想。

人类总是不甘于眼前的生活，于是，有了这些改变世界的伟大发明创造。这是一套写给孩子的另类发明史。它打破学科壁垒，以妙趣横生的故事，以人类身体功能延伸的独特视角，呈现人类重大发明诞生的全景，为孩子展现人类文明长河中波澜壮阔的科技画卷，让孩子以广博的视野看世界，洞见科学家为造福人类不懈追求，能增加孩子们的想象力与创造力，拓展他们的思维方式，激发其对科学的求知欲和探索精神……

2023 年 4 月 23 日

目 录

第一章　听诊器

隔着皮肉，
听诊器让耳朵听到了奇妙声响

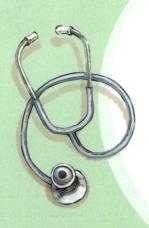

声音从哪里来？要到哪里去？耳朵为什么能听到声音？航天员登临月球，并在那里漫步，彼此间能不能听到讲话声？我们总是希望耳朵能听得更清晰，于是有了一系列提高听力的发明创造，而听诊器无疑是重要的发明成果之一。

在人类漫长的发展史上，对于捕捉外界声音，耳朵一直是十分敏感的。也许最早的原始人听到唧唧吱吱的虫鸣、叽叽喳喳的鸟语、叮叮咚咚的泉水声，心中充满了兴奋和喜悦，甚至互相欣慰地低语，"好听，好听"；而他们听到虎啸、狮吼、雷鸣的声响，或许会吓得不知所措，惊恐不安地四处逃窜，直至站在很远的安全地带，心里还会充满疑问：声音是怎么一回事？为什么有的声音那么悦耳，有的那么刺耳，甚至让人恐惧？耳朵，为什么能听到这样或那样奇奇怪怪的声音？

1. 第一个揭开声音奥秘的人

生活中，声音无处不在。那么，谁是第一个揭开声音奥秘的人？他是法国科学家帕斯卡，而且不管你信不信，当时，帕斯卡年仅 11 岁，还是一个乳臭未干的小子呢。

帕斯卡出身于法国的一个贵族家庭，从小就善于观察，特别爱动脑筋，凡事爱问"为什么"，而且是"打破砂锅问到底"。他对"声音的秘密"有着浓厚的兴趣。

11 岁那年夏天的一个中午，小帕斯卡吃完饭，就在厨房外面和一群孩子一起玩耍。这时，厨房里传出的餐具碰撞的叮叮当当声，深深地吸引了小帕斯卡。这刀叉与盘子相碰的声音，大家习以为常，听了都不会在意。可是，爱动脑筋的小帕斯卡一下子着了迷。

这声音是餐刀敲打盘子发出来的，那么，餐刀停止敲打盘子后，声音为什么还在继续，而不会马上消失呢？ 小帕斯卡心想。

想到这里，小帕斯卡便跑到厨房亲自试验一下，结果发现：餐刀敲打盘子后，声音不但不会马上停止，还会延续一段时间。但是，只要他用手将盘子的边缘轻轻地一按，声音就会立即停止。

他在试验中还发现：每次用手指去碰盘子的边缘，手指都有一种麻麻的感觉。

通过多次观察和反复试验，帕斯卡终于得出了这样一个结论：声音的传送方式主要是振动，也就是说，声音是靠振动而产生的，不是靠敲击；即使敲击停止了，只要振动不停止，声音还会延续。

这就是声学的振动原理。

从此，小帕斯卡拉开了探索科学奥秘的人生序幕。

名人档案馆

姓名：布莱瑟·帕斯卡（1623—1662）

国籍：法国

成就：帕斯卡是物理学家、数学家、哲学家和散文家。

经历：帕斯卡3岁丧母，从小就体质虚弱，童年是缺少母爱的。长大后，他因过度劳累而疾病缠身。他在生病的1651—1654年间，坚持科学研究，写出了"关于液体平衡""空气的重量和密度"及"算术三角形"等方面的多篇论文。在科学史上，帕斯卡真的很牛。

帕斯卡有多厉害

▶ 12 岁那年，帕斯卡独自发现了"三角形的内角和等于 180 度"。

▶ 17 岁那年，帕斯卡发表《论圆锥曲线》的论文。这篇论文的大部分已经散失，但是一个重要结论被保留了下来，即"帕斯卡定理"。著名的数学家笛卡儿对这篇论文大为赞赏，竟不敢相信这出自一个少年之手。

▶ 1642 年，帕斯卡帮助父亲做税务计算工作时发明了加法器。这是世界上最早的计算器，现陈列于法国的博物馆。

▶ 1654 年，帕斯卡完成了《液体平衡及空气质量的论文集》，其核心观点后来被称为"帕斯卡定律"。根据这一原理，人们把油缸设计成油泵，发明了油压机。

2. 声音从哪里来

声音是无处不在的，可是你也许会说，当你一个人静静地躺在床上，室外也没有风，整个房间静得连掉根针都能听到的话，那这个时候就算没有声音啦。对不起，你这么说，还是不够准确的。不信的话，你仔细地听一听，是不是还能听到自己呼吸的声音呢？嗯，没错，人体也会有声音。

先不急，我们做个小试验，真相就会出现。

拿出一根直尺，在桌子上敲打，你听到声音了吗？如果你用力敲打，那声音就大；相反，用力小，声音就小。敲打的方式不一样，发出的声响也不一样。你停止敲打，那敲打的声响也就没有了。嘿，这下找到声音产生的原因了吧？原来，声音是由物体振动产生的，这就是帕斯卡的"声学振动原理"呀，可惜让帕斯卡抢了"头功"，你的发现比他晚了300多年呢。

现在，我们把发声的物体叫声源。物体振动强而慢，声音就响亮而低；振动弱而快，声音就柔和而高。要是振动停止了，声音也就停止啦。

那么，人说话会有声音又是怎么一回事？为什么你一开口讲话就能发声？这是因为说话会使声带（在喉咙里）振动，所以产生了声音。这么一说，你信不信呢？要是还不信的话，我们再做一个小试验。你在讲话前，先把手放在喉咙处，然后张开嘴巴，发出"啊"的声音，你就会感到声带在振动。

知识链接 乐器如何发出声音

▶ 小提琴是通过拉弦或拨弦来发出声音的。琴身内部的空气由于拉弦或拨弦产生了振动，发出了琴声，而且伴着振动的大小变化，有了优美的旋律。

▶ 弹钢琴时，手指敲击键盘，键盘带动钢琴内包有绒毡的木槌，木槌敲击钢丝弦而发出声音。

▶ 吉他是靠拨弦引起箱体振动来发出声音的。拨动琴弦力量的大小，决定了吉他发出声音的强弱。

知识链接 各式各样的虫子耳朵

　　许多人一辈子也没有看见过蚊子、蟋蟀、蝗虫等虫子的耳朵。这是因为在动物王国中，虫子的耳朵不像猪、牛、马，甚至小兔子的耳朵那么大，那么容易被一眼认出，也不像鸡的耳朵，虽然藏在头上的一撮绒毛里，但那个小孔还是容易被发现的。相比之下，虫子的耳朵就神秘多啦。

　　▶蟋蟀喜欢鸣叫，人们称它在唱歌。那么，它的歌声是唱给谁听的？原来，是蟋蟀中的帅哥唱给美女听的。它们的耳朵都长在前脚上，很隐蔽，呈裂缝状，叫鼓膜器，里边有特殊的感觉细胞。

　　▶蝗虫在昆虫家族中属于大力士、大个头。它的耳朵长在腹部第一节的左右两边。这种设置有助于它飞行或进攻时听到异常的响声，能有效防身。

▶ 蚊子的耳朵长在那对天线似的触角上，上面敏感的绒毛一旦遇到微弱的声音，就会产生强烈的振动，触角末端的神经丛又把收到的信号传递给大脑。蚊子在飞行时不停地抖动触角，就是在倾听周围的声音。

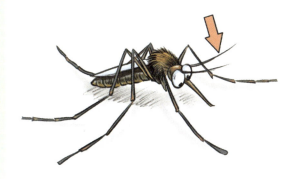

▶ 蜘蛛的视力不好，但是它的"听觉"不差。长在腿上的许多感觉丛毛，就是它的耳朵，能帮助它根据物体在蛛网上的不同振动频率，来判断触网的是敌人、朋友，还是食物。

9

3. 声音怎样传进耳朵

我们知道声音是由于物体振动产生的，却未必清楚声音是怎么传播的——耳朵为什么能听到声音？或者说，声音怎么会传到耳朵里呢？

科学家研究发现，物体振动会产生一种波，这种波就叫声波。也就是说，物体振动就有了声音，声音在传播中产生了波，像一块石头被投进水面，击起一圈圈波纹一样。

咚咚咚

那么，声音是不是在任何地方都可以传播？是不是在哪儿传播都一样？像行走需要道路一样，声波传播要借助外界的载体，如声波可以借着空气传送出去。可以传递声波的这种物质，被称为介质。当航天员登上月球，对着苍凉空旷的四周大声喊叫，即使两个人面对面，对方也是听不见声音的。糟糕，这样不是急煞人吗？没办法，月球表面几乎是真空状态呀！要是有一天，人类有了星际旅行，我在这里早早给你提个醒，千万别忘记带上对讲机，否则只能看到对方嘴巴在动，像在打哑谜，什么也听不见，性子急的话，小心急疯你！

　　不过，在地球上，你就不用这么着急了。除了空气能传播声音外，能传播声音的介质还有很多，如水、木材、钢铁、玻璃等。凭这一点就能看出，在地球上生活更方便啊！

知识链接　声音的传播速度有多快

▶ 声音在空气里传播有多快？精确地讲，在 15℃ 的空气中，声音的传播速度是 340 米 / 秒。

▶ 声音在水里传播快，还是在空气里传播快？水是液体，与空气相比，液体分子排列得较紧密，因此传播声音的速度比空气要快。据测算，声音在水里传播的速度大约是在空气中的 4.5 倍呢。

▶ 声音在钢铁中传播快，还是在空气中传播快？钢铁里的固体分子排列得更紧密，声音在钢铁中传播的速度是空气中的近 15 倍。不信？你站着还没有听见远方驶来的火车的声音，如果把耳朵贴着铁轨，就能先听到铁轨传来的轰隆隆的声响。

想一想　先听到雷声，还是先看到闪电？

有人认为：

先听到雷声，因为雷声那么响，轰隆隆地从远方传来，随后才会看到划破天际的闪电。

还有人认为：

我们应该同时看到闪电和听到雷声，两者凭肉眼和耳朵难以分清先后。

小博士说

两种观点都错啦。当你注意雷电产生的时候，一定会先看到闪电，而后才听到雷声。因为闪电发出的光是以30万千米/秒的速度传播，而声音（雷鸣）传播的速度只有约340米/秒，几秒钟后，落在后面的雷声才会传到你的耳朵里。

4. 提高听力的好帮手

空气能传导声音，人类自古就习以为常。水可以很好地传导声音，对古人来说，却是一个了不起的发现。最早意识到能利用水扩大听觉范围的是生活在海上的水手。

据记载，古代的挪威航海人发现，在海中敲打一艘木船，如果恰好在远处海面也有船，船上的人把耳朵贴在船壁上，就能听到远处的敲击声。要是遇上了局部大雾，船无法行驶，不同船上的人该怎样联系呢？海上风高浪急，喊声很容易被淹没，特别是逆风时，即使你喊破嗓子，另一艘船上的人也根本听不到你的声音。船员们发现，如果用"敲船"的方式，大家就很容易建立联系，并聚拢在一起。遗憾的是，

已经查不出历史上"击船传声"这一方法的发明者，或者说，把水作为传播声音的好帮手的第一人。

那么，医生怎样才能提高自己的听力？ 最好的帮手又是什么介质呢？ 对医生来说，要解决眼睛看不到、手摸不到的问题来诊断疾病，就离不开耳朵的"闻"，即"听"。在医学界，第一个通过工具来提高听力的人，是大名鼎鼎的法国医生拉埃内克，他也是以一项发明带来医学史上一次革命的第一人。这项发明就是听诊器。

名人档案馆

姓名：何内·希欧斐列·海辛特·拉埃内克（1781—1826）

国籍：法国

成就：他发明了世界上第一个木质单管听诊器，被誉为"胸腔学之父"。听诊器为医生诊断病人心肺健康状况提供了极大的帮助，是第一个造福人类的医疗工具。

经历：你会不会认为拉埃内克出身名门贵族，或者说，他有幸福的童年？ 事实不是这样的。拉埃内克6岁那年，他的母亲便因肺结核去世。他的父亲是个小公务员，由于生活困苦，就把小拉埃内克送到叔叔居洛木·拉埃内克医师那里寄养。瞧，幼年时期的拉埃内克是一个"小可怜"哦。

声波的秘密

▶ 科学家把振动产生的波分为三种，即次声波、可听声波、超声波。科学家为了研究方便，把每秒钟振动（或振荡、波动）一次叫作 1 赫兹。赫兹就是频率的单位。次声波的频率低于 20 赫兹；人耳可听声波的频率在 20～20000 赫兹；超声波的频率高于 20000 赫兹。蝙蝠能够发出超声波。

▶ 人的耳朵是听不到次声波和超声波的，而狗、海豚以及蝙蝠等动物的耳朵可以听到超声波。哎，好无奈，人的耳朵竟然不如海豚、蝙蝠和小狗的耳朵。

▶ 超声波频率高、波长短，穿透能力强，因此在军事、医疗及工业等领域有较多的用途。超声波可以用来切削、焊接、钻孔，清洗精密机件，进行医疗诊断，探索鱼群，测量海深，自动导航等。

5. 跷跷板游戏带来的启发

1816 年 9 月 13 日，拉埃内克去探视一位生病的贵族小姐。小姐用手指着胸口，向他诉说自己的病情。拉埃内克听后，怀疑她患的是心脏病，就把自己的耳朵贴在小姐的胸前，听听她心脏跳动的声音。然而，这位小姐长得很胖，拉埃内克又非常羞涩，不但听不清她的心跳，而且急得满头大汗。

这时候，他忽然想到一幕游戏。

那一天，他到卢浮宫广场上散步，看见两个孩子在玩跷跷板。一个孩子站在跷跷板的一端，把耳朵贴在板面上，另一个在另一端，手里拿着一根小棍，边敲边喊：

"听见了吗？"

"听见了！"

两个孩子的游戏，引起了拉埃内克的注意。他好奇地走过去试一下，

让一个孩子在跷跷板的一端敲击，自己将耳朵贴在另一头听着，果然听到了非常清晰的笃笃声。这个发现使拉埃内克大吃一惊，久久难忘。

这就是木板传递声音的游戏。物理学中，声音通过某些固体传递，可以达到放大的效果。

此时此刻，拉埃内克灵机一动，马上叫人找来一张厚纸，将纸紧紧地卷成一个圆筒，一头按在小姐心脏的部位，另一头贴在自己的耳朵上。果然，小姐心脏跳动的声音和其轻微的杂音都听得一清二楚。他高兴极了，告诉小姐病情已经确诊，并且可以很快开好药方。

一瞬间，一个卷起的纸筒使临床医学向前迈进了一大步。拉埃内克思索着，希望能发明出一种仪器，能够通过听出人体器官的声音来确认其特性。后来，拉埃内克经过多次试验，发现空心木管传声效果更好。于是，他又采用了空心木管，制成了世界上最早的听诊器。

拉埃内克的人生

▶ 拉埃内克对医学的爱好，完全得益于他的叔叔。他的叔叔是一位医术高超的医生。可见，家庭对孩子的影响很重要哦。

▶ 14岁那年，拉埃内克在叔叔的帮助下，进入南特大学附属医院开始学医。20岁时，拉埃内克进入巴黎著名的慈善医院学习。拉埃内克对医学的悟性比较高，经过系统的学习，学业大有长进。他终于如愿成为一名医生。

▶ 拉埃内克生来就很瘦弱，而且有遗传性结核病的症状，一生都在疾病的煎熬与痛苦中奋斗，逝世时年仅45岁。去世的时候，拉埃内克把戒指、手表、书和论文都留给了他的外甥，只将一件东西留给了妻子，那就是他自己制造的第一款听诊器。

6. "医生的笛子"

拉埃内克制造的这种听诊器，样子很像笛子，因此被称为"医生的笛子"，也有人称它为"医学小喇叭"。拉埃内克对这些名字还是不满意，于是请教他的叔叔。他的叔叔建议将其命名为"胸腔仪"。后来，拉埃内克经过一番深思熟虑，决定将它命名为"听诊器"。这是 1816 年的事。

转眼 20 多年过去了，到了 1840 年，英国医师乔治·菲利普·卡门改良了拉埃内克设计的单耳听诊器，把两个耳栓用两条可弯曲的橡皮管，连接到可与身体接触的听筒上。这是一个中空镜状的圆锥形听诊器。卡门的听诊器，有助于医师听诊静脉、动脉、心、肺、肠内部的声音，甚至可以听到母体内胎儿的心音。这种听诊器与拉埃内克的听诊器相比，有了很大改进。

近来，电子听诊器问世了。它能放大声音，并能使多位医师同时听到被诊断者体内的声音，还能记录心脏杂音，将其与正常的心音进行比较。虽然新型听诊器不断问世，但是医师们普遍爱用的仍然是最初由拉埃内克设计、经后人改良的旧式听诊器。

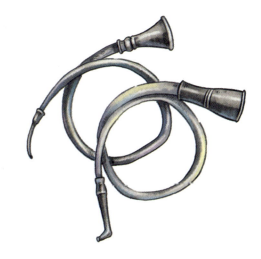

早期的听诊器

知识链接 日渐发展的听诊器

▶ 拉埃内克制造的第一个听诊器，是一根空心木管，长约 30 厘米，口径约 2.5 厘米。它分为两段，有螺纹可以旋转连接，与现在产科用来听胎儿心音的单耳式木制听诊器很相似。

▶ 1819 年，拉埃内克出版的专著介绍了听诊器的发明；1921 年，他的专著被翻译成英文出版。

▶ 1855 年，美国纽约的乔治·凯曼将听诊器由单耳听筒改成两条橡皮管连接的双听筒。

▶ 1894 年，美国的比恩奇把振动膜用在听诊器上，制成了世界上第一个扩音听诊器。

▶ 1925 年，美国波士顿的霍华德·斯普雷格与鲍尔斯把振动膜与钟形听诊头结合起来，研制出现代广泛使用的听诊器。

第二章　电话机

声音穿越千山万水，
人类有了"千里耳"

"烽火连三月，家书抵万金""云中谁寄锦书来，雁字回时，月满西楼"……中国古人用烽火、书信传递信息。远隔千山万水，传递信息不是一件容易的事儿。电话机的发明，让人们真切地听到千里之外的声音，传递信息就在一瞬间，思念之人仿佛近在咫尺。

以前，北美洲的印第安人巧妙地采用烟信号来传递信息，古代的中国人则借助烽火来传递信息，特别是用来防御的长城上，隔一段距离就设置一个烽火台，目的也是这样。后来，把消息从一个地方传递到另一个地方都是邮差的活儿。直到两三百年前，人类认识了"电"，发现电有奇妙的"电能"，信息传递才有了一种崭新的方式。人类终于有了电话机，然后是无绳电话、可视电话、智能手机等，让耳朵远隔千山万水，也能真切地听到声音，对方仿佛近在咫尺。

烽火

信件

电话机

可视电话

智能手机

1. 认识一下你的耳朵

耳朵是人体五官当中的听觉器官（平衡器官也在耳内），它可以帮助我们听到自然界的各种声音。耳朵长在眼睛的后面，伸手从面部往后一摸，就能摸到。虽然耳朵长得有大有小，耳郭也有厚有薄，但是健康的耳朵都能把振动发出的声音转换成神经信号，再传递给大脑。在大脑中，这些信号又被翻译成我们可以理解的语言呀音乐呀，以及其他声音。

可见，在人体的器官中，耳朵的存在并不是为了美，而是默默无闻地为你的大脑收集和传递信号。如果有人生来获取不了外界的声音信号，长大后一定难以发声。想象一下，一个聋哑人面对无声的世界该多么痛苦！因此，给你提个醒，保护好耳朵和听力，切记哦！

揭秘人耳

▶ 人的耳朵可以分成外耳、中耳及内耳三个部分。人体的听觉和平衡觉的感受器都装在小小的耳朵里呢。

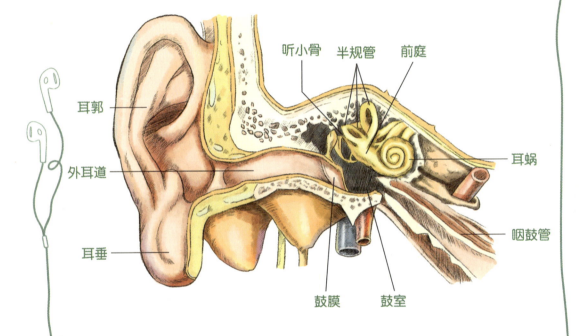

听小骨　半规管　前庭

耳郭

外耳道

耳垂

耳蜗

咽鼓管

鼓膜　鼓室

▶ 人的耳郭的主要作用是收集声音，辨别声音的来源方向。人的耳郭已经退化了，不像其他动物那样大而灵活，可以动来动去。

▶ 人讲话的频率范围为500～3000赫兹。人耳能听到的频率范围为20～20000赫兹。这个频率范围比狗和蝙蝠能听到的要小得多。人耳能听到的频率范围到中年以后会变得越来越小。

知识链接　有哪些动物的耳朵长得很奇特？

▶ 蛇的头部呈三角形，既没有耳朵，也没有耳孔和中耳，靠空气传播的声音它是听不到的。不过，蛇有发达的内耳。只要地面上稍有动静，声音就会通过蛇紧贴地面的肋骨，再经过头部骨骼传到内耳，蛇就能迅速地作出反应。可见，你的脚步声，蛇还是能"听"到的，你要小心点哦！

▶ 鱼的耳朵长在头骨中，与神经相连，有一点儿声波振动，它便能听到。鲤鱼的听觉特别灵敏，因为在它的耳朵和鱼鳔之间，有三块小骨头连接着。水中极微小的声波振动透过身体传到鱼鳔的时候，会产生共鸣，声音会被放大。因此，在水中抓鱼不是一件轻松的活儿。

▶ 马很可爱，耳朵上长着两扇大耳门。由于耳郭大，从空气中接收的声音也大，马的听觉就很灵敏。有趣的是，马的耳朵能够转动方向，马能主动给来自前方、后方的汽车让路，还能在枪林弹雨中纵横驰骋。与它相比，人类的耳朵要逊色得多。

▶ 鼹鼠的耳朵没有耳郭，这样便于它在地洞里钻来钻去，否则，它早就磨成秃耳朵啦。另外，鸟类的耳朵也是没有耳郭的。如果有耳郭，它们飞行时阻力就会增加。

▶ 猫的耳朵能清晰地辨别不远处的声音来源，并能从物体的移动中定位声音的确切来源。猫从高处跳下来，仍能保持平衡感，除了得益于尾巴的帮助外，还得益于它内耳的一个平衡"装置"。

2. 电，看不见的能量

电话机是离不开电的。那么，电是什么东西呀？长的、短的、方的、圆的？电，是一种能量，从自然界里的闪电，到今天用核能来发电，都是电在显示自己的存在。

人类对电的认识由来已久。根据公元前 2750 年的古埃及文献，古埃及人已知道带电的鱼，这些鱼被称为"尼罗河的雷使者"。公元前 600 年左右，古希腊哲学家泰勒斯进行了一系列关于静电的观察，知道被摩擦过的琥珀能产生静电，可以吸引绒毛或灰尘。

到了 18 世纪，人类才慢慢揭开电的神秘面纱，发现电是以电流方式存在的。自然界中存在两种电荷，即正电荷和负电荷，而电荷的移动叫电流。世界上揭开雷电之谜的第一人，是美国科学家本杰明·富兰克林。

1752 年的一天，风雨大作，雷电交加。美国科学家富兰克林带着他的小儿子，进行着一项"惊

天动地"的实验：让雷电从天空"走"下来。

富兰克林在风筝线上系了一把铁钥匙。他认为风筝飞到高空后，云层里的电就会通过淋湿的细绳传到铁钥匙上。这样，天上的电就会被风筝上的细绳引下来。这次实验以后，富兰克林发明了避雷针。

从此，人类对电的认识开辟了新纪元，但是离对电的真正应用还差很远呢。

名人档案馆

姓名：本杰明·富兰克林（1706—1790）

国籍：美国

成就：富兰克林是政治家、科学家。他在独立战争时参加反英斗争，并参加起草《独立宣言》。他发明了避雷针，在研究大气电方面做出了贡献。

经历：富兰克林出生在美国的波士顿，自幼聪明好学，15岁时就写出了文笔超群的散文《海之歌》。17岁那年，他在乘船去纽约的途中遇到了一场特大雷雨，天空乌云密布，电闪雷鸣。他开始怀疑：这怎么可能是上帝在发怒呢？如果真有上帝，又是谁得罪了他？从此，富兰克林下定决心，要彻底揭开雷电之谜。

你不知道的"电"

▶ 电流流入用电器的一端叫正极，流出用电器的一端叫负极。

▶ 电池有正负极吗？电池在放电时，电流流出的一端是电池的正极，电流流入的一端是负极。使用电池时，要看清电池上标注的"＋"（正极）"－"（负极）号呀，弄反了，电池通不了电。

▶ 我们平时用的电是电厂生产出来的。生产电的方式有很多种，有水力发电、火力发电、风力发电、原子能发电等。

风力发电

水力发电　　　　　　火力发电

3. 莫尔斯与第一封电报

电话机诞生之前，在通信方式中，最让人们惊奇的是电报。当科学家们发现电在线路中传输的速度极为迅速后，物理学家、数学家和工程师不约而同地设想通过电线传输信息，把声音传得更快更远，把耳朵的功能放大到极致，希望人类的耳朵不是神话传说中的"千里耳"，而是能听万里、十万里、百万里外的声音的耳朵。而迈出的第一步，是发明使用电线来传话的电报机，即有线电报。

1832 年秋天，美国画家莫尔斯乘坐"萨丽号"邮船，从法国返回美国。在航行途中，美国医生查尔斯·杰克逊给旅客们讲电磁铁原理，希望能帮助大家打发漫长的旅途时光。杰克逊的表演在晚饭后的一张餐桌上进行。他拿出一块马蹄形铁条，上面缠绕着细密的铜导线，然

后给导线通电。铁条骤然间产生了磁性，一下子把餐桌上的铁餐具都吸过去了。人们睁大眼睛，被这神奇的"魔术"惊呆了。原来，世界上还有比艺术更为奇妙的事情，莫尔斯心想。接着，杰克逊切断电源，得意地说："各位，这是一种神奇的力量。电流通过线圈时，就会产生磁性，而且无论线圈有多长，电线有多长，电流都会在瞬间通过……"

"是吗？先生，那么电的速度到底有多快？"莫尔斯像个小孩子，好奇地问。

"这……反正是很快的，瞬间通过。"杰克逊一时语塞，无法做出更多的科学解释。

莫尔斯听了，心里萌生了一个大胆的念头：要是电能帮助人类传话，该多好呀！

之后，他毅然改行，投身于电学研究领域，夜以继日，几乎把自己的美术专业也荒废了。更糟的是，他的积蓄慢慢用完，生活陷入困境。1836 年，莫尔斯不得不重操旧业，以解决生计问题。

莫尔斯并没有忘记对"用电来传话"的研究。有一天，他忽然想到，能不能用电流的有无及间隔时间，产生若干种符号，再按照一定的规律排列组合，代表不同的数字和文字呢？电流的速度是很快的，那么传递这些数字和文字的符号，当然也能瞬间完成。莫尔斯为这个奇妙的构思激动不已。于是，他把全部心思花在编写符号上面，生活又陷入了穷困的境地，有时口袋里只有几枚硬币，吃饭都成问题。好在天无绝人之路，一个偶然的机会使莫尔斯的研究得以继续——他得到了一位名叫威尔的技师的帮助。这位技师非常钦佩莫尔斯的执着精神，愿意帮助莫尔斯购买相关设备，且甘当助手，与他共同研制有线电报机。

莫尔斯经过多年辛苦卓绝的努力，才实现自己的梦想。1844 年 5

月 24 日，在华盛顿国会大厦联邦最高法院的会议厅里，一群科学家和政府官员聚精会神地注视着莫尔斯。只见他亲手操纵着电报机，随着一连串的信号发出，远在 64 千米外的巴尔的摩市收到由"嘀""嗒"声组成的世界上第一份长途电报："上帝创造了何等奇迹！"

莫尔斯成功了。

名人档案馆

姓名：萨缪尔·莫尔斯（1791—1872）

国籍：美国

成就：莫尔斯是发明家，最大的成就是发明电报。

经历：1837 年，莫尔斯在美国纽约展示他制成的电磁式电报机。之后，他对电报机进行了改进。改进后的电报机被许多国家使用，很多公司却没有向莫尔斯支付专利使用费。后来，欧洲多国联合向莫尔斯支付了 40 万法郎。为纪念莫尔斯，纽约市在中央公园为他塑造了雕像。

知识链接　莫尔斯电码与第一封电报

▶ 莫尔斯先后对报纸、杂志、书籍中常见的字进行统计，并向印刷工人讨教，随后按照一定的原则进行编码：常用的英文字母对应简单的电码，不常用的英文字母对应复杂的电码。

▶ 1837 年，莫尔斯设计出了一套电码，这套电码被称为"莫尔斯电码"。它利用"点""横"和"间隔"（实际上就是时间长短不一的电脉冲信号）的不同组合来表示字母、数字、标点和符号。

莫尔斯电码表

字符	电码符号	字符	电码符号	字符	电码符号
A	·—	N	—·	1	·————
B	—···	O	———	2	··———
C	—·—·	P	·——·	3	···——
D	—··	Q	——·—	4	····—
E	·	R	·—·	5	·····
F	··—·	S	···	6	—····
G	——·	T	—	7	——···
H	····	U	··—	8	———··
I	··	V	···—	9	————·
J	·———	W	·——	0	—————
K	—·—	X	—··—		
L	·—··	Y	—·——	……	
M	——	Z	——··		

▶ 1840 年，莫尔斯获得电报的专利权。1842 年，他想方设法劝说国会通过议案，拨付专款架设长途电报线。

▶ 1843 年，美国政府终于同意拨款 3 万美元，架设一条从华盛顿到巴尔的摩的电报线。这条电报线于 1844 年正式完工，这才有 1844 年 5 月 24 日的成功发报。

▶ 1844 年 5 月 25 日，世界上第一封新闻电报则是华盛顿记者发给《鲍尔齐莫亚爱国者》报纸主编的，电报的内容是："1 点钟，关于俄勒冈议案应提交给会议全体人员的动议被提出。动议被否决。赞成的 79 票，反对的 86 票。"

电报是怎样传到中国的？

1863 年，英、法公使就向清朝政府建议引入电报，可是清朝政府根本不感兴趣。三口通商大臣崇厚竟然认为电报这玩意"于中国毫无益处，而贻害于无穷"。

1865 年，英国利富洋行终于成了"第一个吃螃蟹的人"。利富洋行驻上海的头头雷诺横下一条心，拿出 1 万两白银，进了一批电报材料，找来两个德国技师，外加雇来二十几个中国民夫。他们用一个多月的时间，从川沙厅（今上海浦东）小岬到黄浦江口金塘灯塔，偷偷摸摸建起了一条专用电报线路，线路长达 21 千米，使用电线杆 227 根。这是中国第一条电报线。

1873 年，华侨商人王承荣与福州的王斌合作，研制出我国第一台电报机。至此，电报成功地进入中国。由此可见，电报传入中国是很费周折的。

4. 电话诞生记

电报实现了"用电来传话",电线架设到哪儿,"话"就能传到哪儿。电报机是电话机的前身。关于电话的发明者,虽然一直有争议,但是人们普遍认为美国人亚历山大·格雷厄姆·贝尔才是电话的发明者,因为他是世界上最先获得电话发明专利的,而且他的发明故事也十分感人。

名人档案馆

姓名:亚历山大·格雷厄姆·贝尔(1847—1922)

国籍:美国

成就:贝尔是发明家,获得了世界上第一台可用的电话机的专利权,创建了贝尔电话公司。

经历:贝尔的祖父是个慈善家,一直很同情聋哑的残障者,他常把一些聋哑人聚集起来,亲切地教育他们。祖父过世后,贝尔的父亲继承遗志,除了教育聋哑人,还研究发音的方法,希望对这些不幸的人有所帮助。由于家庭的影响和熏陶,贝尔从小就对聋哑人十分同情,对声学也产生很大兴趣,这种兴趣成为他日后研究电话的动力之源。

　　电报诞生以后，把人们要传递的信息以 30 万千米 / 秒的速度传向远方。每发一份电报，需要先拟好电报稿，再译成电码，交报务员发送出去；对方报务员收到报文后，得先把电码译成文字，然后投送给收报人。可见，电报"传话"并不直接，要经过很多手续，不是专业人士根本"听"不懂。更为重要的是，双向信息交流需要较长的时间。这多急人呀！于是，人们已经不满足于用电报来传话了。

　　1873 年，26 岁的贝尔被聘为美国波士顿大学的生理学教授，开始对声学和电学做深入的研究。贝尔还请了一个机械工匠当助手。就这样，他们在一间小小的实验室里奋斗了两年多，希望仍然渺茫。但是，他们并没有被困难吓倒。

　　一天傍晚，贝尔和他的助手沃森分别在两个房间里做实验。为了防止外面的杂音传进室内，他们把门关得严严的。

这时，由于机件发生故障，贝尔发现，电报机上的一块铁片在电磁铁前不断地振动。他那训练有素的耳朵立即听出，这微弱的振动传送着一种声音。

顿时，他眼前一亮，心想：如果对着铁片讲话，声音就会使铁片产生振动，铁片后面放着绕着导线的磁铁，铁片振动时，会在导线中引起电流。电流传到对方那里，同样会使铁片振动，这样，声音就可以传送给对方了。

贝尔从这次偶然的故障中受到了启示：如果像吉他那样，利用音箱产生共鸣，就一定能听得见声音。

两位发明家连夜用床板制作了音箱。接着，他们改进实验装置，又认真地检查了一遍，然后回到自己的房间开始做实验。这时，贝尔对着机器喊道："沃森先生，到这里来，我想见你！"

想不到，这一句普通的话，竟成了人类用电话机传送的第一句话。历史记下了这一天，1876 年 3 月 10 日。当时，贝尔只有 29 岁。

经过贝尔和沃森坚持不懈的努力，最早的电话机——电磁式电话机终于诞生了。

1915 年，第一条横贯美国大陆的电话线开通，贝尔又一次像和

他过去的助手通话一样,激动地喊道:"沃森先生,到这里来,我想见你!"这次,这句话不是从一个房间传到另一个房间,而是从美国的东海岸传到了西海岸,真正实现了"千里有话一线通"。

从此,电话成为人类倾听远方声音的"耳朵"。

贝尔的影响

▷ 1922 年 8 月 2 日,贝尔逝世。8 月 7 日,葬礼结束后,美国 1400 多万部电话静音一分钟。

▷ 1950 年,贝尔成为美国伟人纪念馆纪念的一员,比爱迪生还早 10 年。

▷ 贝尔发明的第一部电话至今还保存在美国的博物馆里,可见这一发明有多重要。

▷ 1884 年,在相距 300 千米的美国波士顿和纽约之间,一家私人公司架设了第一条电话线;1956 年,纽约和伦敦之间,铺设了第一条跨越大西洋的电话线。

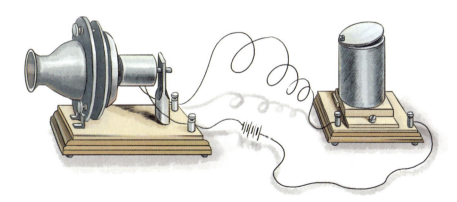

贝尔发明的电话

知识链接 电话的发展

▶ 19世纪90年代的电话，要先摇摇柄，接通接线员。

▶ 20世纪初的烛台式电话，拿起听筒可直接接通交换台。

▶ 20世纪30年代的摇篮型电话机，有了多种颜色的"外装"。

▶ 20世纪80年代"智慧型"电话机出现了。只要按下相应的数字键，就可以直接接通对方，接线员正式"下岗"。

▶ 20世纪90年代，无线便携式电话（移动电话）登上历史舞台，成为人们最便捷的通信工具。

不同时期的电话

▶ 现在，智能手机能拍照，能上网，功能齐全，造型新颖，还可以连接笔记本电脑，传输各种数据。

5. 电波征服地球

人类发明电报和电话后，信息传播的速度不知比以往快了多少倍。不过，电报也好，电话也好，都是靠电流在导线内传输信号的，这使通信有很大的局限性。例如，架设线路遇到高山、大河、海洋等就十分麻烦，让工程技术人员很苦恼。因此，不用电缆就能传话，成为当时科技精英们要攻克的一座堡垒。

日历翻到了 1887 年，德国物理学家亨利希·赫兹用实验清楚地证明，看不见的电磁波是存在的，这种电磁波以光速在空中传播。这一结论开启了一扇电学的窗口，向人类展现了一个精彩的未知世界，"用无线电来传话"随即成为热门话题。

1894 年，20 岁的意大利青年伽利尔摩·马可尼偶然读到了赫兹的电磁波实验文章。求知欲旺盛的马可尼被深深地吸引，从此开始了利用电磁波进行通信的研究。

名人档案馆

姓名:伽利尔摩·马可尼
(1874—1937)

国籍:意大利

成就:马可尼是实用无线电通信的
创始人。1909 年,他与布劳恩一起获得诺贝尔物理学奖。

经历:少年时代的马可尼对物理和化学产生了浓厚的兴趣。
父亲的藏书满足了他的读书愿望,让他得以博览群书。母亲
在阁楼上腾出一个房间给他做实验室,还说服了一位大学物
理专业的教授指导马可尼进行电磁学的实验。

一个夏天的午夜,马可尼躺在床上,为无线电的研究苦恼着,难
以入睡。于是,他披衣来到庭院里。月光如水,透过一棵老槐树,洒
下一片斑驳的影子。

马可尼忽然想道:嘿,月光为什么能从高高的天空投下来? 电波
为什么不能像月光这样,一泻千里呢? 难道是月光从高处往下照射的
缘故? 也许把天线架高,电波就会传得远一些?(这种定向天线,可
以让无线电信号沿着一定的方向发射,这是马可尼的一项重要发明)

马可尼心中一亮,想不到月光能为他点起灵感的火花。他立即在
花园的一个墙角,竖起一根天线,让助手把天线不断地升高,自己拿
着另一根天线和接收仪器,向前跑动:10 米、100 米、1000 米……原

来接的信号距离只有几百米，现在增加到 2.7 千米。

马可尼兴奋得热泪盈眶。

"我要把电波送过大西洋！"在一次无线电研讨会上，马可尼激动地说。同行们听了，都笑话他异想天开，有的说只有精神病人才会有这样奇怪的想法，有的说马可尼是一个骗子，"一个不玩猴子的卖艺人"。无可奈何之下，马可尼告别了祖国，来到了当时对科学技术更为重视的英国。

英国人为马可尼的研究和实验提供了极大的方便，让他如虎添翼。

1897 年，马可尼的无线电通信距离达到了 14.5 千米，不过，离跨过大西洋还有相当远的距离。

1901 年，马可尼继续研究发报机。他提高信号的接收能力，并改进天线设备，用风筝把天线高高吊起，天线升到了 121 米的高空，终于把电波顺利地送过大西洋。他获得了跨洋收发报距离约 3380 千米的巨大成果。这一天，世界各大报纸都以醒目的标题报道，如《马可尼发明横跨大西洋无线电报获成功》《电波征服地球》等。

至此，人类完成了从有线电报到无线电报的华丽转身，电波把声音传得越来越远，真正实现了无线传输和电话技术的完美结合。

知识链接　无线电诞生后

▶ 1896 年 6 月 2 日，马可尼在英国获得了无线电的发明专利。这是世界上第一个无线电方面的专利。

▶ 1897 年，马可尼成立了无线电报及信号公司，即后来的马可尼无线电公司，使无线电通信开始商业化。

▶ 1912 年，正在沉没的泰坦尼克号上发出了遇险信号，使用的就是马可尼的无线电报。由于获得救援，2224 名乘客和船员中有710 人得以生还。

▶ 真正让无线电通信技术成为 20 世纪最大热门话题的，是意大利的马可尼和俄国的波波夫。他们在不同的国度，几乎在同一时间对无线电的诞生做出了举世瞩目的贡献，使无线电通信开始为人类服务。

第三章　留声机

千转百回的播放，
让耳朵找回失落的声音

　　一个多世纪以来，留声机带来的影响是深远的。电唱机、磁带录音机、磁带录像机、激光声像机，再到精致的光盘、智能芯片，一路走来，这些发明让耳朵听到的声音更多、更持久。它们的诞生，都受到留声机的影响。

对自认为美好的东西，人类就想永远保留。我们可以推测一下，从结绳记事开始，人类想记载并保存下来的信息一定很多。古人像我们一样，也有丰富的情感，那么，谁保存了他们的喜怒哀乐？ 那些陪伴古人生活的猪马牛羊，谁保存了它们的声音形态？ 变化无常的大自然，谁保存了它的"尊容"？ 回溯悠悠岁月，人类引以为荣的保存信息技术，也仅仅在保存文字上"可圈可点"。地球大约 46 亿岁，人类保存文字资料 5000 多年，而对声音的保存仅仅是 100 多年前的事。

1. 保存信息的那些事儿

在爱迪生发明留声机前，人类只能做到从说到写，并把写的内容保存下来。

语言是人类信息传递的第一载体，文字和图案让信息存储和远距离传播成为可能。在长达几千年的漫长时光里，人类不断改进保存文字和图案信息的方法，而对怎样保留声音还束手无策。留声机问世以前，你就是把万水千山走遍，把世界各地的博物馆翻个底朝天，也休想听见古时候人类、动物和自然界的一点点声响。

也许我们会说，自然界的风声、水声、雨声、雷声等不会演化，将其保存没有什么实在意义。果真是这样？每次雷声、每种风声、每滴雨声都不会一样啊！动物世界的声音更奇妙，更千变万化。以可爱的小鸟为例，它们在不同时期、不同场景下，叫声各不相同，可惜无

法为它们留声呀。人类自认为最忠实的狗，被人类驯服并饲养已达约1万年之久。狗的祖先是狼，那么，狗的叫声是不是千年不变？遗憾的是，我们也没有办法听到远古狗的叫声。不怕你笑话，有时候我就很想听到，狗像它的祖先那样发出狼一样充满血性的嗥叫。

现在，唯一可以考证的就是古代人类用文字记载的材料，还能让我们穿越几千年的时光隧道，看到最原始的文字或图案是什么模样。

知识链接 用文字记录历史

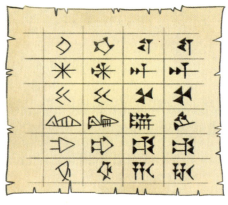

楔形文字

古埃及文字

▶ 约5000多年前，美索不达米亚南部的苏美尔人发明了楔形文字。那是用芦苇秆的尖头刻在泥板上的，是人类最早的文字记录。泥板书也成了人类最早的信息存储方式。

▶ 约5000年前，非洲东北部的古埃及，人们把碑铭体刻于金字塔、神庙石壁上，以及石器和陶器上，把僧侣体用墨水写在纸草纸上。

▶ 约4000年前，古印度的文字被刻在了石碑和陶土制成的印章上。

▶ 甲骨文是我国商代刻在龟甲兽骨上的文字。甲骨文最初出土于河南安阳小屯村的殷墟。已发现的甲骨文单字约 4500 字，可认识的约 1700 字。

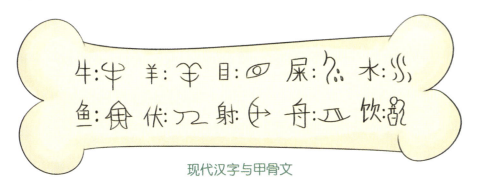

现代汉字与甲骨文

▶ 西汉时期，我国已有造纸术。约 1900 年前，东汉蔡伦通过添加新材料和改进工艺流程，制出既轻薄柔韧，又容易取材、来源广泛、价格低廉的纸张，实现了造纸术的第一次革命。

▶ 1270 多年前，阿拉伯人打败翻越帕米尔高原的唐朝名将高仙芝，俘虏了大批士兵和一些造纸工匠。中国造纸术传到了乌兹别克斯坦，然后传到巴格达。872 年前，西班牙建立了欧洲的第一个造纸厂。

蔡伦造纸

2. 会说话的机器

"夜阑卧听风吹雨""听取蛙声一片""留得枯荷听雨声",这些描写声音的千古名句,意境是多么美妙悠远,却没有一人想把声音保存下来。对此,誉满世界的"发明大王"爱迪生做到了。

名人档案馆

姓名:托马斯·爱迪生
(1847—1931)
国籍:美国
成就:爱迪生是发明家、企业家,拥有发明专利1000多项,被美国的权威期刊《大西洋月刊》评为影响美国的100位人物第9名。

经历:1868年底,21岁的爱迪生以报务员的身份来到了美国波士顿。这一年,他获得了第一项发明专利权。这项发明是一台自动记录投票数的装置,也就是"投票计数器"。爱迪生认为,这种装置能减轻工作人员的统计负担并节省时间。然而,一位国会议员告诉他:"有时候慢慢地投票也是出于政治上的需要。"爱迪生听了,若有所思,从此再也不创造人们不需要的发明。

　　1875 年，贝尔发明了电话，可是电话的灵敏度太差，通话的双方常常要大喊大叫，人们甚至怀疑电话存在的价值。后来，爱迪生在美国的新泽西州建立了科技研究所，并组织专家对电话进行了专题研究，发明了炭精送话器。

　　有一天，爱迪生在调试炭精送话器时，由于听力不太好，只好用一根钢针代替右耳来检验传话膜片的振动。

　　"瞧，膜片在振动，而且随着讲话声音的高低进行有规律的振动。"这一意外发现让爱迪生兴奋不已。

　　"是不是声音引起了振动？"他的助手约翰·克卢西好奇地问。

　　"确实如此，"爱迪生激动地说，"如果反过来，使钢针振动，能不能复原出声音来呢？"

　　那时候，声音储存技术是人们想都不敢想的新领域，还是一片没有被开垦的土地。

　　"把声音储存下来？ 真能这样？"年轻的助手觉得不可思议。

　　"等着吧，我要让它变成现实。"爱迪生拍了拍年轻人的肩膀，自信地说。

于是，爱迪生像着魔似的研究起来，忘记了吃饭，忘记了休息，整整四天四夜，终于取得了突破性进展：声音的振动带动一根针在金属筒上刻下槽纹，而且随着声音的高低不同，槽纹的深浅也不同。实验证明，这种"会说话的机器"能把声音完整地储存起来，什么时候需要，就能什么时候放出声音来。

"我做了一块带针的膜片，针尖对准急速旋转的蜡纸，声音的振动方式就非常清楚地刻在蜡纸上。"爱迪生在笔记中自豪地写下了这样一段话。

1877 年 8 月，爱迪生让克卢西按图样制出一台由大圆筒、曲柄、受话机和膜板组成的怪机器。爱迪生取出一张锡箔，卷在刻有螺旋槽纹的金属圆筒上，让针的一头轻擦着锡箔转动，另一头和受话机连接。这时候，爱迪生摇动曲柄，对着受话机唱起了歌："玛丽有只小羊羔，雪球儿似的一身毛……"

唱完后，爱迪生又把针放回原处，轻悠悠地再摇动曲柄。接着，机器不紧不慢、一圈又一圈地转动着，唱起了"玛丽有只小羊羔，雪球儿似的一身毛"，与刚才爱迪生唱的一模一样。

"太神奇了！太神奇了！"在一旁的助手们，惊讶得说不出话来。

从此，"会说话的机器"诞生了，这就是世界上第一台留声机。留声机成为 19 世纪最引人注目的三大发明之一。

留声机小史

▶ 1878年，英国皇家学会举办了留声机展览。法国政府为这项发明颁发了奖金。美国总统在白宫接见了爱迪生。

▶ 1888年，爱迪生把留声机装上了电源，用电瓶启动，然后用接有软管的耳机收听。改进后的留声机，声音清晰逼真。

▶ 1903年到1908年初，清朝外交官梁诚出使美国、秘鲁、古巴等国家。1904年，美国维克多公司推出第一批柜式留声机的样品，由于不是商品机，美国也只有一些政府高级官员才有机会拥有。当年美国官员把这台留声机送给梁诚，梁诚又把这台留声机送给慈禧太后作为七十大寿的礼物。

▶ 1879年，日本首次引进留声机。1899年，日本第一家唱片公司三光堂成立。1909年4月，日本有了国产唱片。

3. 会唱歌的"盒子"

人类的发明创造永不止步，就像地球围绕太阳公转那样不会停歇。1877年，爱迪生发明了留声机，使声音可以储存和再现，创造了人类文明史上的奇迹。但是，让声音长久保存并造福百姓的人，是另一位伟大的发明家马文·卡姆拉斯。

马文·卡姆拉斯对保存声音的兴趣，最初来自丹麦电话工程师保尔森的磁性录音机（1898年）。这种录音机中，与振动膜片相连的不是尖针，而是一块小磁铁。当磁铁振动时，一根钢丝在磁铁前匀速通过，钢丝上会发生不同程度的磁化，这样声音便成为强弱不同的磁信号被记录下来。但是，这种录音机的钢丝易扭曲变形，放音质量很不好，而且它的信号微弱，音量非常小。

钢丝录音机

名人档案馆

姓名：马文·卡姆拉斯

国籍：美国

成就：卡姆拉斯一生有 500 多项发明专利。1979 年，他被授予"美国最佳发明家"的荣誉称号。

经历：卡姆拉斯从小就喜欢自己动手，制作各种有趣的小玩意儿，尤其对新奇的东西十分感兴趣。他曾自己动手做过晶体管收音机，还自制过火花式发射机。他对录音机的关注纯属偶然。原来，他有个堂兄特别喜欢唱歌，想当一名歌唱家。有一天，堂兄和卡姆拉斯在一起玩，自言自语地说："要是我的歌声能录在唱片里，该多好啊！"听了堂兄的话，卡姆拉斯心想：用唱片录音练习，太浪费了，能不能想出别的办法呢？就这样，卡姆拉斯开始对录音机产生了兴趣，开始对此进行研究，并取得丰硕成果。

　　卡姆拉斯采用了钢丝和针尖接触的办法，这样钢丝仅在与针尖接触的地方才能磁化，钢丝表面不能均匀地录下声音。

　　1937 年，卡姆拉斯制成一台新式的钢丝录音机。它采用完整的磁圈作为磁头，钢丝穿过线圈，并与磁圈保持一定距离，这样就能利用钢丝周围的空气间隔进行录音。

这台录音机的性能要比以往的录音机好得多，音质优美，声音逼真。卡姆拉斯的堂兄在纵情歌唱之后，再由这台录音机放出录音，声音非常清晰。

卡姆拉斯并没有停下探索的脚步。为了继续提高音质，他开始用不同材料进行试验，终于找到了较为理想的磁性材料——这是一种具有特殊性质的氧化铁粉。他把这些铁粉末涂在塑料带上，放入磁场进行处理，制成了又轻又薄的塑料磁带。磁带录音机也随后诞生了。

这是一项奇妙的发明，简单地说，就是把声音录在一条长长的塑料带上，方便省时、物美价廉。磁带录音机立即受到了人们的欢迎。音乐家、歌唱家等不必待在录音室里一连四五十分钟紧张地灌唱片，而且灌唱片时只要出错就非常麻烦，录音却可以在录音带上校正和拼接。从此，磁带录音机走进了千家万户，成为一个时代的标志。可以说，20 世纪中期，拥有一个会唱歌的"盒子"是许多音乐发烧友的愿望。

各式录音机

知识链接 从留声机到磁带录音机

▶ 虽然留声机实现了录音，但那时的留声机主要用机械原理让声音再现，录制的音量很低，以至录音时要对着喇叭大喊。哇，好累！

▶ 为了改进这种录音方式，丹麦科学家保尔森利用电话传声的原理，开始尝试利用磁性储存声音。1898 年，他研制出了第一台磁性录音机。

▶ 1900 年，保尔森展出自己发明的磁性录音机，这种录音机在博览会上深受人们的青睐。遗憾的是，这种录音机并没有被大规模生产，对世界影响并不大。

▶ 1935 年，德国科学家福劳耶玛发明了代替钢丝的磁带。这种磁带是以塑料带作为带基，还涂了四氧化三铁的粉末。随后，福劳耶玛又将铁粉涂在纸带上，代替钢丝和钢带，并于 1936 年获得成功。此后，卡姆拉斯在福劳耶玛的发明成果上进行改进，实用的磁带录音机得以问世。

录音机能不能当"间谍"？

▶ 第一次世界大战期间，德国海军从丹麦购买了几部录音机并用在船舰上，用它来记录莫尔斯电码。由于德国海军得到了秘密情报，美国运兵船被德国海军击沉。这成为录音机发展史上的一段"间谍外传"。

▶ 第二次世界大战中，德国广播电台已经开始大量运用磁带录音机。战争期间，德国人播出重要军事将领的录音以鼓舞士气。当时，美国人搞不懂这个问题：为什么德军将领可以同时出现在好几个地方呢？直到二战结束后，美国人才知道原来是录音机在"捣鬼"。

4. "胃口"超级大的光盘

如果说磁带录音机的发明，是人类对听力拓展的一个里程碑式的贡献，那么，光盘的诞生称得上是近代储存技术的一次彻头彻尾的革命。

光盘（我们听的 CD 是一种光盘，看的 VCD、DVD 也是一种光盘）是利用激光原理进行读、写的设备，可以存放文字、声音、图像和动画等多媒体数字信息。它使用的材料是聚碳酸酯，里面存储的信息不能被轻易地改变。而且，与纸、磁带等信息载体相比，光盘的"胃口"超级大。

一般来说，一张光盘，直径约 12 厘米，重量约 20 克，存储容量却高达 600 多兆字节。如果单纯存放文字，一张 CD-ROM（只读型光盘）的容量相当于 15 万张 16 开的纸，足以容纳数百部大部头的著作。可见，古人千辛万苦发明出来的纸，要是遇上了光盘，"肚量"真是小得可怜。

2010 年，日本东京大学的研究团队又发现一种新材料，可以用来制造更便宜、容量更大的超级光盘，储存的容量是一般 DVD 的 5000

倍。这是一种透明的新型氧化钛，在室温下受到光的照射，能够任意在金属和半导体之间转变，从而具有储存数据信息的功能。

那么，光盘是谁发明的？是美国人詹姆斯·罗素发明的。

1931年，罗素在美国华盛顿州的布雷默顿城呱呱落地。6岁时，他发明了遥控船模型。1965年，美国太平洋西北实验室在里奇伦德建

名人档案馆

姓名：詹姆斯·罗素

国籍：美国

成就：詹姆斯·罗素是一位有50多项专利的发明家，于1970年发明了光盘。

经历：1971年，风险投资商人埃里·杰考布斯创建了光学唱片公司，并力邀罗素加盟，共同开发可视光盘（VCD）。1975年，荷兰的菲利浦公司的代表参观了罗素的实验室。随后，菲利浦、索尼和其他公司都使用了罗素的技术，却对罗素的名字完全不提。1992年，华纳兄弟娱乐公司和其他的光盘生产商把光学唱片公司告上法庭。最后，光学唱片公司支付了3000万美元的侵权费用，法院把CD工艺的专营权判给了光学唱片公司。可是，发明人罗素分文未得，因为他的20项光盘专利权均属于他的雇主——光学唱片公司。

立，罗素成为该实验室的高级科研人员。从此，罗素用一生的精力和智慧来研究声音的保存技术。他十分喜欢古典音乐，可是老塑料唱片放置时间长了，容易损坏，音质很差，令他十分沮丧。为此，他发誓要完善唱片。

一天，罗素突然有了一个想法：利用数字录制与恢复系统，彻底改变声音的录放方法。那时，罗素已经对以磁带和计算机穿孔卡片为载体的数字录制方式有所了解。他认为最好的"记忆"应该靠光束来进行，脑子里开始构思"0 和 1""黑暗与光线"等。经过两年多的探索实践，罗素发明了第一个光-数字录制与恢复系统。就这样，第一个数字光盘（CD）问世了，罗素于 1970 年申请了发明专利。

遗憾的是，由于罗素的技术外泄，菲利浦公司和索尼公司在 1980 年共同研制了数字光盘（CD），两年后开始大规模生产。随后，微软公司和苹果公司加入这个阵营，1987 年又把 CD 变成了 CD-ROM，从而引起了世界性的计算机革命，彻底颠覆了人类的视听技术。

精致、闪亮的光盘，曾是人类储存信息的"宠儿"。进入 21 世纪后，光盘迎来了挑战，人工智能隆重登场。中国的翻译机"译呗"诞生了。2018 年 7 月，时任国务院总理李克强在保加利亚向中东欧

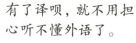

有了译呗，就不用担心听不懂外语了。

十六国领导人介绍中国企业的创新产品译呗。总理对着译呗讲中文，译呗"听"后，立刻把中文译成保加利亚语。更为神奇的是，它能翻译34种语言。无论你说的是粤语、河南话、四川话、东北话，甚至伦敦腔、日本味、印度味、美国乡村味的外语，只要它听到了，瞬间就能翻译成你想要的语言，真是"听、译"神器。

知识链接 让外星人听地球之音

人类一直想把地球上的故事讲给外星人听。1977年，美国发射了"旅行者1号"和"旅行者2号"两个宇宙探测器。"旅行者1号"携带了一张名为"地球之音"的镀金光盘。光盘存储了介绍地球文明的几十幅图像和多种声音。

第四章　立体声

努力让声音更动听，
只为取悦耳朵

　　谁不想听到悦耳的声音？
早期机器帮助保存和传播的声
音，都有一定程度的失真。那
么，怎样才能让声音更加逼真、
自然、动听？立体声，无疑是
一项取悦耳朵的成功发明。

　　"声音从哪里来？""耳朵为什么能听到声音？"等有趣的问题，在"听诊器"这一章里，我们都能找到答案，因为听诊器的诞生与声音密切相关，声音与电话机、留声机、录音机等也有千丝万缕的联系。那么，立体声技术的问世，最容易让我们想起哪些现象呢？如果我没有猜错，那么你首先想到的应该是"回声"，其次是"共鸣"，对吗？不管猜测是否正确，了解一下"回声"或"共鸣"这些现象，对揭开声音的奥秘，帮助我们更多地了解与耳朵有关的发明，一定有所帮助。

1. 回声究竟是怎么产生的

如果有一天，天气晴朗，没有大风，你走进空旷的深山（记住，不是密林啊），对着大山高声呼喊"小明，你在哪里"，有时候会听到一模一样的"小明，你在哪里"，好像自问自答，而且声音特别好听。有时候，你还会听到几个同样的声音，好像有几个人与你同时呼唤。胆子大一点的，会感到好奇，"嘿，真好玩"；胆子小的，可能会紧张、害怕，"怪了，哪来这么多声音"。这是怎么回事？这声音既像是自己发出的，又比自己的声音更厚重、更好听。其实，这是回声耍的把戏。

我们已经知道，声音是一种波动，是由振动产生的，在介质中传播。传播至物体表面时，有些声音会被吸收，有些声音会被反射回来，反射回来的声音被物理学家称为"回声"。这回声听起来很悦耳，会有立体声的味道呢。尽管没有资料证明，立体声技术的发明与回声有关，但是研究声学的发明家们一定对回声很着迷。

知识链接 回声怎样产生？

▶ 不是所有的声音都有回声，回声的产生需要具备一定条件。

▶ 声音只有碰到坚硬的物体，如山崖、墙壁等类似的反射面，才可能产生回声。

17 米

▶ 声音源与反射面的距离在 17 米以上才会有回声。如果发声体与障碍物的距离较近，原声与回声的时间间隔不到 0.1 秒，回声就与原声混在了一起。声音的传播速度在空气介质中是 340 米／秒，人类的耳朵无法分辨间隔 0.1 秒的两个声音。

知识链接 回声有哪些利弊？

▶ 蝙蝠会发出尖锐的叫声，并用灵敏的耳朵来收集周围传来的回声，然后利用它的超声定位技术，来判断物体的大小、位置和状态。

▶ 有些现代化的渔船上，装载着回声探测系统。渔民们根据鱼群发出的声波反射回来的时间、强弱等，判断鱼群的位置、大小、数量，张网捕鱼，一定收获满满。

▶ 有些海洋科考船也会装载回声探测器，通过测量声波反射回来的时间，可以探测海底的深度、海底峡谷地貌情况等。

▶ 在军事上，海军还能利用回声技术来探测敌方潜艇的位置，测算出潜艇与自己的距离，起到防御作用。

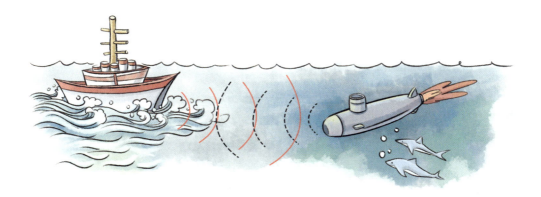

▶ 在音乐厅，如果墙壁之间有太多的回声，观众就会听到一大堆混乱不堪的声音，影响演出的效果。为了减少杂音，音乐厅必须建造成特殊的形状，并用吸音效果好的材料来建造。

2. 声音为什么成了武器

看到这个题目，你一定惊骇万分：天哪，声音还能做武器？ 这不是天方夜谭，故事发生的时间是 1986 年 4 月，地点是法国马赛市郊区的一个小村庄。当时，这个小村庄的一个大家庭正在吃午饭，竟然在数十秒之间，20 多人全部离奇死亡；与此同时，在邻近田间干活儿的另一家 10 多人也突然全部死亡。人们惊恐万状，百思不得其解。事后，有关部门介入调查，解剖尸体发现，这 30 多人全部因脑血管破裂而死亡。调查人员发现，离事故现场 16 千米远处有一家次声波研究所，因技术故障，这场灾难是由次声波泄漏造成的。

原来，声波之所以能杀人不见刀，是因为声音能产生共鸣。那么，什么是声音的共鸣？ 科学家指出，当某物体因振动而发出声音，这种声音又传播到其他物体上，引起其他物体共振，这种现象就叫共鸣。有些读者会把"共鸣"和"立体声"混为一谈，真是天大的误会。因此，有必要把"共鸣"给大家讲清楚，才能请"立体声"出场呀。

共 鸣

▶ 是不是所有的声波都会引起共鸣？不是这样的。如果两个发声频率相同的物体相隔不远，那么使其中一个发声，另一个才有可能跟着发声。

▶ 如果某种频率的声波使人体的某些器官与之产生共振，轻则使人头痛、恶心，重则产生全身颤抖、呼吸困难等不良后果，甚至导致死亡。原来声波也有可怕的一面啊！

▶ 如果容器有所破损，容器内空气共鸣的声音也会有所变化。因此，人们往往通过聆听嗡嗡声来检查热水瓶是否有破损，确保保温效果。

? 想一想　蝉鸣声为什么那么响亮？

有人认为：

蝉长期生活在地下，存活在地面的时间很短，因此蝉要拼命叫喊，引起人们或同类的关注。

还有人认为：

鸣叫的是雄蝉，为了博得雌蝉的欢心，增加对雌蝉的吸引力，它当然要大声地歌唱。

🎓 小博士说

这两种观点都不正确。蝉鸣声为什么那么响亮？真正的原因是它的发音器长在腹部底端，像蒙上一层鼓膜的大鼓，鼓膜振动就会发出声音。更为奇妙的是，它的腹部鸣肌每秒能伸缩约 1 万次，盖板与鼓膜之间是空的，能起到共鸣作用，因此蝉鸣声特别响。

3. 能说会唱的"隐身人"

我们生活的这个世界，无时无刻不存在各种波长的声音：人和动物的声音，风和流水的声音，机器的声音……世界上第一个让声音保存下来的是爱迪生，他发明的留声机让人类大饱"耳"福——遇上了好声音，可以听它千百次呢。那么，什么机器能让一个声音被无数人同时听见？ 当然是收音机。拧开旋钮，调好频道，在不同地域的人，就能同时听到同一个声音。

谈起收音机的发明，还要追溯一段漫长的历史，因为它的发明建立在前人的研究成果上。1837 年，美国人莫尔斯发明电报机，实现了远距离通信，但是电报机必须依赖导线来连接。1888 年，德国科学家赫兹发现了无线电波的存在，拉开了人类依靠无线电来传递信号的序幕。本书第二章里有"电波征服地球"这一节，讲的就是发明无线电通信的科学家意大利人马可尼和俄国人波波夫的故事。让电波变成声音的第一人则是加拿大发明家费森登，这一年是1906 年，电波第一次向世界发射出了"声音"。

爱因斯坦说，想象力比知识更重要。当年，费森登先从无线电波可以以脉冲形式模仿莫尔斯电码向外发送，想到可以发射

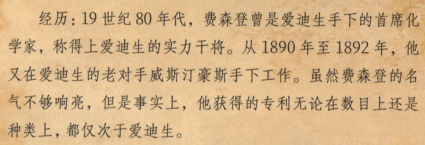

名人档案馆

姓名：雷金纳德·费森登

（1866—1932）

国籍：加拿大

成就：费森登一生获得的专利有

500多项，最引人注目的发明是对无线电波的调制。

经历：19世纪80年代，费森登曾是爱迪生手下的首席化学家，称得上爱迪生的实力干将。从1890年至1892年，他又在爱迪生的老对手威斯汀豪斯手下工作。虽然费森登的名气不够响亮，但是事实上，他获得的专利无论在数目上还是种类上，都仅次于爱迪生。

连续的电波，使其振幅随声波的不规则变化而改变（这就是调制）。在接收台站，这些变化后的电波可被选出并还原成声波。根据这一思路，费森登潜心研究传输声音的奥妙。

1906年12月25日，费森登在美国马萨诸塞州的国家电器公司128米高的无线电塔上进行了一次广播。广播前，他在报纸上刊登了预告，并发出无线电报，通告新闻界和太平洋上航行的船只。那天晚上，太平洋船只的无线电发报员果真听到了小提琴声和一位男子朗读《圣经》的声音，感到震惊和喜悦。小提琴演奏的是德国音乐家汉德尔的舒缓曲，男子朗读的是耶稣降生的故事。从天而降的声音，让人们确信耳朵的功能又一次被"升级"。这就是世界上第一次成功的传声实验，被公认为无线电广播诞生的标志。从此，收音机这个能说会唱的"隐身人"问世，无线电广播也登上了历史舞台。

知识链接 收音机的发展历程

▶ 关于收音机的发明是存在争议的。有的学者认为，收音机是俄国物理学家波波夫（1859—1906）发明的。波波夫从 1885 年开始研究无线电通信技术，并在 1895 年 5 月展示了他所制成的一架无线电接收机，成功发射并接收了无线电信号。这是收音机的雏形。

▶ 矿石收音机。1910 年，美国科学家邓伍迪和皮卡尔德用矿石来做检波器，发明了矿石收音机。由于无需电源，结构简单，矿石收音机深受无线电爱好者的青睐。

矿石收音机

▶ 电子管收音机。1904 年，世界上第一只电子管在英国物理学家弗莱明的手中诞生。电子管的发明，使收音机的电路和接收性能得到极大改进。

电子管收音机

▶ 晶体管收音机。1947 年 12 月，第一块晶体管在美国贝尔实验室诞生，人类从此步入电子时代。1954 年 10 月 18 日，世界上第一台商用晶体管收音机投入市场。这种收音机耗电少，不需交流电源，小巧玲珑，使用方便，成为最普及的电子产品。

晶体管收音机

▶ 集成电路收音机。1958 年 9 月 12 日，美国工程师杰克·基尔比研制出世界上第一块集成电路。从此，集成电路逐渐取代了晶体管，开创了电子技术的新纪元。

集成电路收音机

▶ 1923 年 1 月 23 日，华人曾君与美国人奥斯邦创办的中国无线电公司，首次在上海播送广播节目，并出售收音机。1958 年，我国第一台国产半导体收音机研制成功。1982 年，我国有了集成电路收音机。

4. 让声音如"天籁"

如果说无线电传播声音很奇妙，那么发明家让声音越来越好听，发明出立体声，那又是妙事一件了。可以说，立体声比回声呀共鸣呀更吸引人类的耳朵。可惜人类的耳朵长得很固定，不能摇晃，否则，当立体声诞生的瞬间，激动得想跳起舞蹈的，一定是耳朵。

其实，自然界中的一切声音都是立体的，如风声、雨声、鸟鸣、虫唱、雷声等，我们的耳朵都能够真切地感受声音的响度、音调、音色、方位和层次。而如果录音时能够把不同声源的空间位置反映出来，人们在听录音时，就好像身临其境，直接听到各方位的声源发音一样。那么，这种放声系统发出的就是具有立体感的声音，也就是我们耳熟能详的立体声。

奋斗的路很长，我们对立体声的发明过程只能简短回顾。1881 年 8 月 30 日，克莱门·阿代尔在德国获得了"改善剧场电话设备"的专利。他把两组麦克风放置在剧场舞台的两边，声音就能够分别传到戴着受话器的观众耳朵里。哎，麦克风早就有了，可是

谁知道将两组麦克风并放在舞台两边，位置重新摆一摆，设备加一加，就这么简单，一项划时代的发明就诞生了。这项发明在 1881 年举办的巴黎博览会上首次演示，获得了极大成功，那是人们第一次听到立体声。

转眼 50 年过去，到了 1931 年，英国电气工程师艾伦·布鲁姆伦发明了立体声录音技术。随后，立体声技术在电影工业的推动下走进千家万户，为无数音乐迷所喜爱。

未来，声音再现技术还会有怎样的发展呢？可以肯定地说，用来保存声音数据的介质容量会越来越大。蓝光 DVD 容量达到了 27GB。2021 年，科学家已研制出存储容量达 700TB 的新型光盘。有了这样高容量的光盘，一定会有更好的新技术出现，也许下一代声音技术可以实时地对听音环境进行智能分析，然后利用回声和共鸣来尽可能达到理想的声场效果。让机器发出的声音如"天籁"般动听不是梦，一切都有可能。

立体声的应用

▶ 1925 年，美国东北部的康涅狄格州的一家电台，通过采取两种不同波长播放同一个节目，让听众在两只耳朵上各用一个接收器收听，实现了立体声广播。

▶ 1930 年，美国电气和音乐工业公司的布吕姆莱因，获得了最早的立体声唱片专利权。

▶ 1933 年 4 月 27 日，美国贝尔实验室做了一次公开的实验，把费城举办的音乐会，通过电话线路，以立体声的方式传到了华盛顿。

▶ 1940 年上映的、美国迪士尼公司投拍的动画片《幻想曲》，率先采用了多音轨录制和多声道回放技术。这是立体声技术在电影中的第一次应用。

想一想 音响效果与耳朵远近有关吗？

第一步：

把收音机放在写字台的右前方，拧开收音机的播放旋钮，让你的身体离写字台1米左右，端正坐那儿，仔细地听一下，是某一只耳朵先听到声音，还是两只耳朵同时听到声音？

第二步：

把写字台上的收音机放在左前方，离耳朵更远一点儿，测试一下，是左耳朵先听到声音，还是右耳朵先听到，还是两只耳朵同时听到声音？

小博士说

声音传播与其强弱、距离的远近是有关的。离声源近的耳朵，一定先听到声音，远的那一只要晚几毫秒才能听到声音。也就是说，如果右耳离声源较近，声音就首先传到右耳，然后才传到左耳，并且右耳听到的声音比左耳听到的声音稍强。两只耳朵先后听到声音的这种微小差别，传到大脑神经中，就使人们能够判断声音来自右前方。这就是著名的"双耳效应"。

第五章　监听器

五花八门，
让耳朵听到了鲜为人知的秘密

最古老的监听器叫"听瓮"，是一种小嘴巴、大肚子的陶罐，后来出现了"瓷枕""矢服"。到了近现代，随着科学技术水平的提升，监听设备也越来越多样化，间谍战更加白热化，让人类的耳朵应接不暇……

从被人类重视的程度来看，耳朵远没有眼睛那么重要。人们把眼睛说成"心灵的窗户"，而耳朵呢？一句像样的赞美也难找到呀。客观地说，在大多数人心目中，耳朵的境况与鼻子大致一样——需要用它的时候，它才重要。但是，从发明的角度来看，耳朵比鼻子有趣得多，有许多强化耳朵功能的发明，让写发明史的作者不能小觑，要专门为它写上一个章节呢。

翻开历史资料，人类让耳朵既能听得清、又能听得远的发明创造，还是有许多可圈可点之处的。这也从另一方面说明人类对耳朵挺重视呀！例如监听器的发明，虽然说起来有点不光彩，毕竟是为了窥探他人的秘密嘛，但是它的影响是深远的，还有许多引人入胜的故事。

1. 从"听瓮"到"矢服"

"监听器"这个名词似乎与谍战片总是形影不离。

让我们先来了解一下中国最古老的监听器，你会感叹古人的聪明才智。

春秋战国是一个动荡的时期，各诸侯相互吞并，战火不断，间谍当然也登场了。这些间谍无法参与一些重要的军事会议，便建造了最原始的监听器，即"听瓮"。虽然它没什么高科技含量，但是利用声学原理的能耐还是不可低估的。

那么，听瓮长什么模样呢？其实，从字面上讲，"瓮"就是一种容器。战国时期的《墨子》记载，听瓮是一种嘴巴小、肚子大的陶罐，它的口部蒙着一层很薄的皮革。如果把听瓮埋在地下，将耳朵贴在皮革上，就能十分清楚地听到周围的动静。聪明的古人首先把它用在战场警戒方面。军队宿营的时候，耳朵比较灵的士兵坐在听瓮边上值班，就能随时听辨远方传来的声响，从而推测敌人的动向、距离自

听瓮

己部队的远近等军情。原来，不论是马蹄声，还是行军的脚步声，通过大地的振动都会传过来，那层很薄的皮革也会振动，产生共鸣，声音就会被放大。

时光像位老人，不紧不慢地走到了大唐，监听器又有了新的样式。唐代的工匠用精瓷烧制成一种枕头，内部是空心的。人休息的时候侧卧着，将耳朵贴在枕上，只要外面一有动静便能察觉，哪怕是极细微的声响都能听到，用它来自我防卫还是很有效的。这应该就是最早的便携式监听器了，人们叫它"瓷枕"。

瓷枕

转眼到了宋代，监听器又有了更大发展。当时，宋朝军队中发明了一种叫"矢服"的工具。这原本是用牛皮制作的装箭矢的袋子。在军队宿营的时候，军士们可以把箭矢取出来，向皮囊中吹足气，然后枕着它睡在地上，夜间几里内的马蹄声尽收耳底。这种方法比夜间让士兵站岗发现敌情要来得快。从发明创造的进步性来讲，矢服比

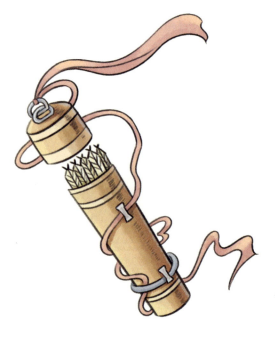

矢服

瓷枕更轻便、更实用。

"高手在民间"，这句话用在监听器的发明创造上也很适合。我国民间，还有一种简易的监听方法——将凿穿内节的毛竹放置在地下、水下或者建筑物内，通过空心竹来听取远处的声音。这类监听器主要是利用空气的共鸣，使声音放大。

知识链接 古老的监听工具，能在战场上带来战绩吗？

历史上，听瓮在战争中曾发挥过一定的作用。清朝著名将领曾国荃率领湘军攻打太平天国都城天京（今南京）时，把天京围得水泄不通。曾国荃先指挥将士用云梯攻城；失败后，他又命令将士在城外多处挖掘地道，准备炸塌城墙。这时候，城内的太平军在城墙下埋设了听瓮，侦察城外敌军的动静，开展了针锋相对的破坏活动，使清军挖掘地道却屡次无功而返。

2. "金唇"风波

现代历史上，最著名的监听事件是什么？ 人们可能最容易想到的就是"金唇"风波。

1945 年 2 月，美、英、苏三大国在雅尔塔举行制定战后新秩序的首脑会议。2 月 9 日，苏联举行"全苏少先队健身营"开营典礼，并以全体少先队员的名义，向参加雅尔塔会议的罗斯福总统和丘吉尔首相发出邀请。事情正如苏联特工预料的那样，美国总统和英国首相由于事务太忙不能赴会，派大使们作代表参加本次活动。

活动典礼在友好、热烈的气氛中进入高潮的时候，四名苏联少先队员抬着一枚巨大的美国国徽走到卡里曼大使面前。这件用名贵的紫檀木、黄杨木等材料制成的木雕，工艺精湛，精美绝伦，让这位美

国大使十分喜爱。卡里曼欣然接受了这件礼物，并将其悬挂在自己的办公室。

1952 年，美国安保人员在无线电中，偶然听到了时任美国驻苏联大使乔治·凯南的声音。

"好奇怪！怎么会听到大使的讲话声？一定有监听器。"安保人员搜遍了大使馆，却始终找不到监听设备安置在哪里。最后，反间谍专家们的目光聚焦到那枚精致的木雕国徽上，设法打开这件木雕后，里面的构造让他们目瞪口呆。

原来，这件木雕的外壳里面埋藏着一个细小的条形装置，那是一个极其精巧的监听器。这是苏联人研制出的先进监听设备，还有一个动听的名字——"金唇"。可以说，从国徽挂在美国大使馆的那一天起，大使馆人员完全在苏联特工的"关照"下工作，毫无秘密可言。

揭秘"金唇"监听器

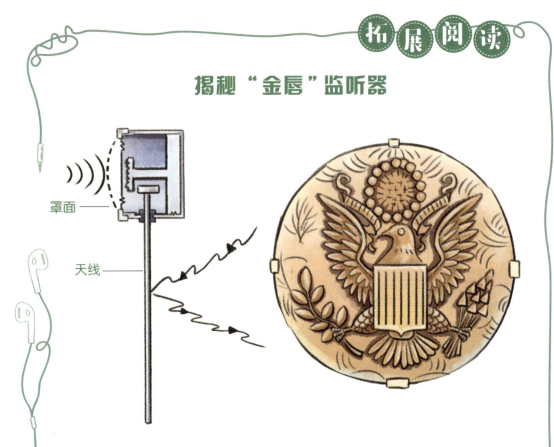

罩面 ——

天线 ——

▶ "金唇"的造型像一只蝌蚪，是一种没有电源的被动式无线电设备，"蝌蚪"的头部是一个精巧的麦克风，"尾巴"就是天线。

▶ "金唇"不需要电源，因此可以无限期地使用，而且不会被当时的反窃听设备捕捉到任何信号，在当时属于非常先进的监听设备。

▶ "金唇"可以接收到 300 米以内大功率振荡器所发出的微波脉冲，源波射到天线上后会反射出去，反射波的振幅和频率都会随着天线共振频率的变化而改变。接收到这个信号，就能解调出监听到的声音信息。

想一想　"金唇"取得了什么样的战果？

有人认为：

苏联安置的"金唇"监听器，截获了大量的美国情报，因为安置监听器的时间太长，美国大使馆不可能不泄露一些机密。大使馆代表一个国家的领土，回到大使馆就像回到了家，美国人自然会放松警惕。

还有人认为：

美国情报机构侦破了这起监听大案后，对金唇侦听到的情报秘而不宣，因为这是美国情报机构的奇耻大辱，他们有苦说不出呀！

小博士说

　　如果你这样推测，那么恭喜你，你的推理能力很棒！在八个年头里，没有人知道"金唇"究竟送出了多少机密情报。这次让美国情报机构蒙羞的事件，成为间谍史上的经典案例。美国人能做的事，就是把当年那个神奇的"金唇"监听器陈列在美国中央情报局的博物馆内，让美国的反间谍高手们记住这段不堪的历史，知耻而后勇。

3. 黄金行动

　　监听器的发展史总是与人类的间谍史一脉相承，甚至互为因果。本节讲述的，已经不是把监听器安置在国徽里的那种故事。二战结束后的监听，敌我双方投入的资金成本、建设规模等远远超出我们的想象。为了让耳朵能听到更多的机密，人类真是煞费苦心哪！

　　第二次世界大战以后，德国分裂为两个国家，首都柏林也被分成东、西两个部分。美国中央情报局把西柏林作为从事间谍活动的首选之地，于 1954 年 8 月启动了代号"黄金行动"的监听计划，专门监听苏联的情报。

　　怎么监听呢？ 美国人发现，苏联的军事设施中有地下电缆通往民主德国和其他东欧各国，便决定在东、西柏林之间挖一条隧道，从西柏林南郊开始，穿过两德边界，再进入民主德国境内，最后直达索恩法尔德公路下面，那里正是苏联驻民主德国空军司令部与东柏林之间的通信线路要道呢。

挖掘这么长的隧道，要大兴土木，而且两德边界戒备森严，施工过程中哪怕有一点异常的声响，都会被对方发现，因为苏联的反间谍专家也不是吃素的。那么，美国人是怎样解决这个问题的？原来，美国工兵部队在隧道入口做了巧妙的伪装，对外谎称要建造一座雷达站。他们在离隧道口不远的地方，建造了一座大仓库，把挖出去的泥土全部搬运到这里。随着隧道完工，监听设备也调试完毕，终于进入运行状态，美国情报界的精英们心里乐开了花……

秘密监听行动

▶ "黄金行动"是一项十分庞大的工程。直到 1955 年 2 月，这条长达 2500 米的隧道才得以完工。工程总耗资 670 万美元。

▶ 隧道的主体工程就是监听室，里面装备了大型交换机、432 个扩音器，以及 600 个录音机。这时的监听器已经十分先进，不是"金唇"可以相提并论的。

▶ 苏联人通过电缆的所有通话，都会被那些先进的监听和录音设备记录下来。每个星期，美国中情局总部派出专机将录音磁带运回华盛顿进行处理和分析，由此挖出了许多珍贵情报。

知识链接 "黄金行动"为什么会画上句号？

▶ 1956 年，匈牙利发生政治事件，苏联两次出兵进行军事干预。可是，这样重大的事件，美国情报机构竟然没有从隧道的监听室里获得一点儿蛛丝马迹。这让美国间谍们感到百思不得其解。

▶ 原来，苏联反间谍部门早已从叛逃的英国间谍口中知道了"黄金行动"。当美国间谍们在柏林隧道的地下室苦心收集情报时，苏联特工在一边看笑话，再把一些假情报泄露给美国人。

▶ 后来，美国人发现上当了，知道监听失败，不得不摧毁这个臭名昭著的隧道工程，"黄金行动"也在无可奈何中画上了句号。

4. 监听器升级换代

"黄金行动"的失败并没有浇灭美国情报机构对监听的兴趣，美国人的监听活动还在继续。20世纪70年代初，苏联政府向美国政府提出，原先的驻美大使馆太陈旧，需要建造新的馆舍。美国政府答应了苏联政府的要求。美国中情局得到这个消息后，觉得机会难得，又一次挖起隧道来，想把监听设备偷偷地藏匿在苏联驻美大使馆下面，让间谍的耳朵听到大使馆里的秘密情报。

1979年，苏联驻美大使馆乔迁新馆之际，也是美国人安置在大使馆地下隧道里的监听器成功工作之时。遗憾的是，美国间谍竖起耳朵24小时监听，除了听到一些无关紧要的小事，就是生活中的无聊对话，这让中情局大失所望。后来，美国中情局知道中了苏联反间谍部门的计，却始终不知道问题出在哪儿，这成了间谍史上一个未解之谜。

随着科学技术日新月异，监听手段也越来越现代化，早已

从古老的听瓮、瓷枕、矢服，到监听电话、窃取数据、文字和图像等信息，无孔不入，防不胜防。

当今世界，公开的监听器就是在地球上空飞行的间谍卫星。据说，大名鼎鼎的美国侦察卫星"发现者"1号，在他国的上空轨道飞行一圈获得的情报，是一个最老练、最有见识的间谍花费一年时间所搜集情报量的几十倍呢。1973年，美国发射的"流纹岩"号电子侦察卫星，主要用来获取苏联导弹发射基地的导弹发射情报，竟然能够监听到11000次电话或步话机的通话。嘿，就凭这种本领，人类的耳朵又一次"笑傲江湖"啦！

"道高一尺，魔高一丈"，没有硝烟的监听与反监听的较量，不仅让人类的耳朵听得很累，也让眼睛好疲劳哟！

知识链接　无处不在的监听

▶ 伴随科技进步，监听手段也无处不在。装载针孔摄像头的监听器可以藏匿在天花板、烟雾探测器、空调、衣橱、电视架、遥控器、电源插座、灯罩、灯座、沙发、花瓶、抽纸盒、闹钟、化妆镜、手表、钢笔，甚至假发、假眼里。这么多地方都可能安置监听器，好可怕呀！

▶ 随着纳米技术的发展，微型监听器能够安置在昆虫的翅膀或腹部，以获取敌方的声音和图像资料。这些昆虫被称为"带翅膀的间谍"。

▶ 截至 1982 年底，美国和苏联分别发射了 373 颗和 796 颗专职间谍卫星，总数达 1169 颗。这些"超级间谍"在太空中，日日夜夜监视着地球的每一个角落。

▶ 世界上第一颗侦察卫星是美国人 1959 年 2 月 28 日发射的，即"发现者"1 号。现在，按任务和侦察设备，侦察卫星分为成像侦察卫星、电子侦察卫星、海洋监视卫星和核爆炸探测卫星等。

想一想　防止手机泄密该怎么做？

有人认为：

在网络上注册账户时，尽量不要使用真实的个人信息等；在设置密码时，要数字和字母、字母大小写并用，密码位数达到上限。

还有人认为：

尽量不要在网络中上传个人照片，尤其是不要轻易打开陌生的链接，如小游戏、营销奖励活动、扫码送话费、寻人、捐助等。

小博士说

手机是一把双刃剑，在给你带来方便的同时，也会给国家安全和个人隐私带来一定的隐患。普通人无法通过安装特制的加密记忆卡来防止被监听，也没有专门机构为你打造专用的保密手机，只能自己多加小心。

第六章　光纤

为声音铺路，
让无数耳朵能同时聆听

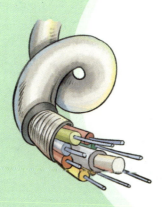

世界真奇妙！铜呀铁呀玻璃呀，这些"硬骨头"，成了电流的好朋友。在它们身体中，电流像野马遇上了草原般快活地奔跑，还把消息传向远方的耳朵，牵动着无数人的心……

声音是怎么传播的呢？ 在本书"听诊器"这一章里，我们讲到水呀木头呀空气呀，都能够传播声音，而且声音在不同的传播介质里，"行走"的速度也各不相同。后来，人们利用声音的传播原理发明了电报机、电话机以及无线电通信技术，在"电话机"这一章里，我们也专门讲述过。一句话，声音的传播史就是人类一部艰辛的奋斗史、发明史。

因此，除了发明这些会传声的工具外，为声音传播敷设道路的创造也不该被遗忘——历史对于后人不仅仅是一种过往，更重要的是，人们在过往中得到启发，获得不断创新的勇气和智慧。

1. 飞翔的男孩

早在公元前 585 年，古希腊哲学家泰勒斯就记载过，摩擦过的琥珀能够吸引碎草等轻小物体。当然，我国西汉时期也有类似的记载。这些说明古人已经发现了"电"的存在。

"电"究竟是什么？ 在后来的 2000 多年中，人们只是认为这些物体吸引现象就像磁石吸铁一样，属于物质的正常属性，并没有发现其特殊用途。

17 世纪后半叶，时任德国马德堡市长格里克是位"科学迷"，对电很感兴趣。他在 1660 年前后竟然研制出了第一台摩擦起电机：用硫黄制成像地球仪一样的可转动球体，用干燥的手掌摩擦转动球体，就可以获得电。呀，这是多么了不起的发明！

"一石激起千层浪"，随后，英、法、德等国的科学家纷纷把研究方向聚焦于电学应用，犹如在长夜点燃了一把火。到了 18 世纪，英国人斯蒂芬·格雷也热衷于电学研究，并揭开了电流传导路径的奥秘。

约 1730 年的一天，格雷想了解人体是否可以导电，就请一位小男孩来做实验。嘿，这需要多大的胆量和勇气呀（千万别自行模仿哟）！当时，格雷让小男孩横趴在两个秋千上，并将一盆金叶子和羽毛放在他的面前。然后，格雷用丝绸摩擦过的玻璃管触碰男孩。接着，金叶子和羽毛被吸附在男孩身上。瞧，好神奇！这时，格雷拿着玻璃管在小男孩身上移动，羽毛也仿佛在飞舞。

"人体也可以导电，人体是导体。"格雷由此得出结论。这就是电磁学史上著名的"飞翔的男孩"实验。从此，人类第一次认识了"导体"和"绝缘体"。

名人档案馆

姓名：斯蒂芬·格雷（1666—1736）

国籍：英国

成就：格雷主要从事天文定量和日月食、太阳黑子、木星的卫星等观测工作，他最重要的贡献是发现了电的传导现象。

经历：格雷出身于英国一个手工艺人家庭。他精于工艺，没有什么文凭，靠自学成才，直至晚年才对电学产生兴趣。他进行三年电学研究后，为人类第一次揭开了电流传导的奥秘。

知识链接　正电荷与负电荷

▶ 原子是物质进行化学反应的最基本单位。原子由带正电的原子核和带负电的电子所组成，电子绕着原子核运动；在通常情况下，原子核带的正电荷数跟核外电子带的负电荷数相等，原子是中性的。

▶ 摩擦起电是电子由一个物体转移到另一个物体的结果，两个物体摩擦后带上了等量的电荷。得到电子的物体带负电，失去电子的物体带正电。

▶ 自然界只存在两种电荷。丝绸摩擦过的玻璃棒带的电荷叫正电荷，用毛皮摩擦过的橡胶棒带的电荷叫负电荷。

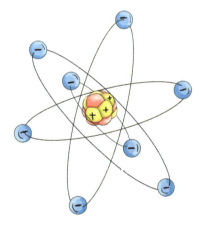

原子模型

▶ 同种电荷互相排斥，异种电荷互相吸引。

2. 电会怎样 "行走"

作为一名科学家，格雷是非常成功的，可是他对科学的研究是 "半路出家"。30 岁前，他主要从事丝绸贸易，赚了一笔不小的财富。一个偶然的机会，他与格林尼治天文台的一位工作人员成为朋友，从此对天文学产生兴趣。41 岁时，格雷成了英国一家天文台的兼职人员，业余从事天文研究，也取得了不少成果。到了 50 多岁，格雷被当时电学实验的热潮吸引了。当时，魔术大师们纷纷对电产生浓厚兴趣，并在欧洲各地向贵族及普通民众进行 "手指放电点燃白兰地" "电学福音" 等表演。格雷却另辟蹊径，在思考电这种神奇的物质究竟能为人类做点什么。

1729 年 6 月，格雷在实验室里做着摩擦起电的实验。他拿着一支空心玻璃管，用毛皮将其从头到尾摩擦后，发现玻璃管能吸引羽毛。显然，玻璃带电啦，格雷心想。然后，格雷用软木塞将玻璃管两端塞起来，防止灰尘进入。这时，他发现了奇怪的事情——软木塞吸引了几根羽毛。

我没有摩擦软木塞，它怎么会带电呢？格雷

很疑惑，脑海中闪过一个念头：难道玻璃管中的电流传到软木塞上了？电会传输吗？

为了验证自己的猜测，格雷又做了一个实验。他把一根细棒插进玻璃管的软木塞中，细棒的另一端用绳子绑着一个象牙球。他仅摩擦玻璃管，桌上的羽毛竟然被象牙球吸引了。

"太棒啦！"格雷兴奋地在笔记本上写道，"电也像水、空气一样，可以流动。"

从这个实验中，格雷得出结论：电还可以通过别的物体流动。后来，人们把流动的电叫作"电流"。

随后，格雷继续做实验，发现电可以流动6米、12米、18米，甚至30米。

可以说，格雷发现电可以沿金属线传输，这是人类第一次发现电可以在电线里"行走"。从此，"导体"这个概念诞生了。格雷发现电的传导性，为电的实际应用开辟了新纪元。

知识链接 导体、绝缘体与半导体

▶ 格雷还发现摩擦铁、铜、锡、银等金属后，电流会迅速流到与其摩擦的物体中，金属本身不带电，也不能吸附羽毛之类的轻小物体。

▶ 琥珀、硫黄、玻璃等经过摩擦后，电流不能流动，而留在这些物体里，因此它们带上电，能吸引轻微的物体。

▶ "自然界的物体应该有两种，一种是电流可以通过，另一种是电流不能通过的。"格雷得出这样的结论。后来，科学家把那些易于让电流通过的物质称为"导体"，把那些难以让电流通过的物质称为"非导体"，也叫"绝缘体"。20 世纪，科学家将导电性能介于导体和绝缘体之间的物体，称为"半导体"。

人体真的会带电吗？

▶ 在冬天空气干燥时，人体会带电。只要人迈开步子，空气与衣服之间的摩擦就使人体储存了静电。有时候，手触及门上的金属把手，就会放电，感觉就像被麻了一下。回忆一下，你有过这样的经历吗？

▶ 如果穿的毛衣是化纤材料制成的，晚上入睡前脱毛衣，你的动作稍大些，毛衣就会在黑暗中发出噼啪的响声，还伴有一闪一闪的火花。你知道吗？ 这就是摩擦产生的静电呀！

3. 电缆问世

19 世纪初，丹麦的奥斯特、英国的法拉第、德国的欧姆、美国的亨利等大批物理学家不断发现和创立了现代电学、电磁学等基础理论，渐渐地增加了人们对电的认识。当然，人们不会忘记格雷的贡献——人类第一次知道电是可以有自己的"专门通道"的，知道哪些物质是导体，哪些是绝缘体。因此，人们后来学会用电线来传递信息（包括声音）。

1752 年，美国人富兰克林进行风筝实验，并由此发明了避雷针，用电线接地。这是电线的首次实用化。后来，用电传递信息的电报诞生了，当然离不开电线。到了 1832 年，沙俄退伍军官许林格按照上级要求，把电报线路埋在地下，电缆就问世了。

　　"这样，既避免了电线之间的干扰，又免去了重复埋设（六次）电线的苦差事，何乐而不为？"当时，许林格灵光一现，竟然把六根导线用橡胶包裹后同时放在玻璃管内。

　　许林格为自己的"灵光一现"得意了很久。

　　是啊，这位小人物做出了一件大事情，发明了世界上第一根地下电缆，怎能不名垂史册呢？ 看上去，许林格的一个小发明，是人类学会用电的"一小步"，却无意间为后来者打开了创新的闸门。

　　我们知道人类先有电报机，后有电话机，因此电报电缆发明走在电话电缆的前面。许林格敷设的是世界上第一条电报电缆，而长途电话电缆直至 1878 年才有。这是美国人在纽约与波士顿之间开通的第一条长途电话电缆线路，是专门传播声音、为耳朵服务的。

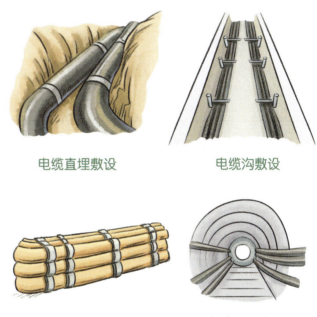

电缆直埋敷设　　　　　电缆沟敷设

电缆排管敷设　　　　　电缆隧道敷设

1943 年，英国邮局在昂克纳和爱因岛之间敷设了第一条带有增音机的同轴电缆，可以通 48 路电话。到了 1983 年，一条约 6069 千米长的跨大西洋电缆投入使用，它竟然能容纳 4200 条电话通路，也就是说通过一条电缆，4200 对耳朵可以实现同时聆听，而且互不干扰。嘿，这是何等的巨变！ 真想为许林格点个赞。

知识链接 电缆铺向世界各地

▶ 1850 年 8 月，英国人在英法两国之间的多佛尔海峡敷设了一条海底电报电缆。可是，这条电缆工作才几个小时，就被一艘渔船的船锚钩断。

▶ 经过两年多的试验，1858 年，第一条横跨大西洋的海底电报电缆于 8 月 5 日敷设完工。8 月 16 日，美国和英国之间发出了第一份海缆电报。

▶ 1871 年，英国大东公司在中国上海与日本长崎之间敷设了海底电报电缆。

▶ 1920 年，英国建成了连接本国各地、环绕世界的电报电缆网，引发了美、日等国敷设海底电报电缆的高潮。

▶ 1956 年，第一条跨大西洋的对称式电话电缆从英国敷设到加拿大纽芬兰岛，并于 9 月 25 日开通，连接英、美、加三国，全长约 4230 千米。

▶ 1963 年 12 月，当时世界上最长的海底电话电缆系统开通。它敷设于加拿大的温哥华与澳大利亚的悉尼之间，距离约为 14957 千米，能容纳 80 条电路。

4. 光与玻璃的"天作之合"

在漫长的时光里，人们习惯用铜、铁，甚至金、银、镍、锌、锡等金属来做导线传递信息，因为这些金属要么耐高温，要么耐腐蚀，要么容易焊接，优点多多。到了 21 世纪，在互联网中畅游、欣赏高清电视转播节目、与千里之外的友人通话，或者躺在病床上让胃镜看清胃的"真面目"等，这些前人不敢想象的事情如今已变成了现实。这一切应该归功于英、美籍华裔物理学家高锟发明的"光导纤维"，即"光纤"。高锟的这项发明为人类开启了信息时代，让信息网连通到世界的每一个角落，方便了每一个人。对此，美国耶鲁大学校长在授予高锟"荣誉科学博士学位"的仪式上说："你的发明改变了世界通信模式，为信息高速公路奠定了基石。把光与玻璃结合后，影像传送、电话和电脑有了极大的发展……"

上网真快啊！

名人档案馆

姓名：高锟（1933—2018）

国籍：英国、美国

成就：物理学家、教育家，2009 年获得诺贝尔物理学奖，被评为"20 世纪亚洲风云人物"，还被誉为"光纤之父"。

经历：高锟的父亲是位律师。高锟美好的小学时代是在上海度过的。童年的高锟对化学表现出了强烈的兴趣，曾经自己制造过灭火筒、烟花等。有一次，他居然自制了一枚炸弹。让小高锟得意的还有，自己曾经成功地装了一台有五六个真空管的收音机。可见，高锟从小就表现出了与众不同的创造力。

没错，光与玻璃有了"天作之合"。

1933 年，高锟在上海出生。1948 年，高锟举家迁往香港，他先进入圣约瑟书院学习，后来进入香港大学。高锟这时候已经立志攻读电机工程专业，而香港大学没有这个专业，于是他辗转就读了伦敦大学。毕业后，他加入英国国际电话电报公司任工程师，也开始了他对通信材料的研究历程。

19 世纪，电报、电话等发明诞生，长距离的信息在瞬间传输成为可能。可是，随着科学技术的进步，人类迫切需要找到一种高速、便捷，兼具制造成本低廉、信号损失很小的长距离信息传输介质。于是，许多国家的一流学者，特别是材料学的专家，都开始关注并研究这一项目，希望能找到一种能够代替铜线的通信材料。

人类很早就知道，光能够沿着容器中的水流曲线传输，也能够在弯曲的玻璃棒中前进。这并非光直线传输的特性发生了改变，而是由于光的反射作用，即在特定条件下，光在弯曲的水流或者玻璃棒的内表面中发生了多次反射，看起来好像光在弯曲前进。

1964 年，高锟提出设想：在电话网络中以光代替电流，以玻璃纤维代替导线。1965 年，他提出以石英基玻璃纤维作为长程信息传输的介质，并预言：只要设法降低玻璃纤维中的杂质，就有可能使光纤损耗从 1000 分贝 / 千米降低到 20 分贝 / 千米，光纤就有可能用于通信。

"用玻璃来代替铜线"，谈何容易？ 当时，针对高锟的这一大胆设想，有人说他是"傻子""异想天开"，也有人对这一设想大加褒扬，认为它吹响了科学家寻找低损耗光纤的号角。高锟却不管这些，一方面潜心于理论研究，充分论证了光导纤维的可行性，另一方面，开始寻找能够传导信号的"没有杂质的玻璃"。

从此，高锟一边进行理论研究，一边到各地大型玻璃厂调研。他先后到过美国、日本、德国，跟人们讨论这种没有杂质的玻璃的制法。许多人嘲笑他，认为世界上根本不存在没有杂质的玻璃。然而，高锟的信心丝毫不减。他说：所有的科学家都应该固执，都要觉得自己是对的，否则不会成功。

在高锟的努力下，他的设想逐步变成现实：1971 年，世界上第一条 1 千米长的光纤问世；1977 年，世界上第一条光纤通信系统在美国芝加哥投入使用。两条只有头发丝粗细的玻璃丝（直径 0.85 微米），竟然能同时开通 8000 路电话（传输速率达每秒 4.5 亿比特）。这一成果震惊了世界。人类通信进入"光速时代"。

　　2009年，高锟获得了诺贝尔物理学奖。诺贝尔奖评委会这样描述："光流动在细小如线的玻璃丝中，携带着各种信息数据传输至各方，文本、音乐、图片和视频因此能在瞬间传遍全球。"

　　试想，如果高锟当年在人们的嘲笑中放弃了对光纤的研究，也许时至今日，人类就不会有光纤技术，更不要说有改变世界的互联网了。可见，发明家就是这么神奇，总是不满足于现状，总是异想天开。人类本来让金属材料来传递电信号，可是它们太笨重、太浪费资源，能耐也太小；光纤诞生后，光在玻璃丝里飞速地跑起来，从此人类进入了五彩缤纷、神奇美妙的世界。

知识链接 光纤有哪些特殊本领？

▶ 光纤是一种由石英或塑料制成的纤维，可作为光的传导介质。多数光纤在使用前都由几层保护层包裹，包裹后的缆线就是光缆。

▶ 同样长度的线路，光纤的信息传输容量是金属线路的成千上万倍；常用的光纤材料是石英和塑料，它们比金属线路中的铜等金属便宜；光纤通信具有重量轻、损耗低、保真度高、抗干扰能力强、工作性能可靠等优点。

这件光纤织物做成的礼服真好看！

▶ 光纤除了在通信领域扮演重要角色，在其他行业也有许多意想不到的妙用。如在医学上，利用光纤技术制造的内窥镜，可以让医生看见患者体内的情况。1993年，我国研制了高科技光纤纺织品。这种光纤织物具有轻薄、柔软、舒适、节能及光源寿命长等特点，而且色彩具有多样性。

第七章　乐器

多种多样，
为耳朵带来动听的旋律

乐器是一个庞大无比的家族，现代按乐器的发音方式和声学原理，可将其分为体鸣乐器、膜鸣乐器、气鸣乐器、弦鸣乐器和电鸣乐器等种类，而每一种类都"人丁兴旺"。乐器的诞生是为了让耳朵感到愉悦，让心灵体悟音乐之美。

人类为了有质量地生活，在解决穿衣吃饭这类基本的问题以后，各种各样的乐器便应运而生，它们几乎与文字一样承载着人们的喜怒哀乐。更为有趣的是，不同的民族，如汉族呀蒙古族呀，不同的国度，如中国呀法国呀，尽管发明的乐器结构各不相同，演奏的音乐却都有共同的特质——听起来十分美妙，真是专门为耳朵创造的奇迹。

那么，什么是乐器呢？简单地说，只要能够发出音乐的声音，并能进行音乐艺术再创造的器具，都叫"乐器"。追溯乐器的历史，从古代战争中的鼓，到宗教活动中敲打的法器（如木鱼），以及日常生活中的器皿，如碗、碟等，都曾经是古人手中的乐器。2000多年前，庄子的妻子去世了，庄子"鼓盆而歌"，"盆"就是他表达情感的乐器。对小读者来说，也许最有诗意的乐器还是"牧笛"——"牧童归去横牛背，短笛无腔信口吹"，"牧笛"常出现在古诗词中。那我们就先来谈谈笛子，因为从考古的角度来看，它是最古老的乐器，辈分摆在这儿，笛子自然要先登场啦！

1. 笛子，来自一个美丽的传说

我国的西南边陲有茂密的山林，那里山清水秀。山冈上有大片竹林，勤劳的苗族人就生活在那里。传说古代有位聪明能干的青年，名叫竹郎。他以编织竹器为生，上山砍竹，下山编竹，每天都与竹子打交道。因此，他十分爱竹。

有一天，竹郎无意间把一片竹叶放进嘴里吹，竟然吹出了动听的声音。从此，他经常在竹林间一边劳作，一边吹竹叶自娱自乐。一天，一位姑娘喜欢听竹郎吹竹叶，而且跟着竹叶声唱起歌来。后来，竹郎爱上了这位姑娘，可是姑娘提出一个条件："只要你把竹子吹出乐声来，我就嫁给你。"竹郎听了，想呀想，终于想出办法来，把一根细竹捅成空心，在空心竹管上凿一排小孔，果然吹出了奇妙的乐声。竹郎把这种乐器叫"竹笛"，并将它作为定情的信物，赠送给心爱的姑娘。

瞧，多么美好的故事！ 也许生活在南方水乡的孩子，能用苇叶吹出乐曲，生活在热带丛林里的孩子，能用树叶吹出乐曲，那种悠扬的小曲一定十分怡情，可是少了竹笛的故事这份浪漫呀！

当然，这是一个美丽的传说。我国最早的笛子其实是"骨笛"，距今已有 7800～9000 年之久。骨笛是我国考古工作者从古代遗址里发掘出来的，我们并不知道它的主人是谁，也不知道它是谁发明的，只知道这是中国最早的乐器实物。它足以证明，在遥远的古代，我们的祖先就知道用笛子吹奏音乐，让耳朵来享受了。

知识链接 我国最早的乐器实物

▶ 1983 年至今，河南省舞阳县北舞渡镇贾湖村新石器遗址先后出土 30 多支骨笛。它们就是大名鼎鼎的"贾湖骨笛"。

▶ 贾湖骨笛全部用鹤类尺骨制成，有二孔、五孔、六孔、七孔和八孔笛。现在的音乐家用其中的七孔笛测试，发现它有七声音阶，可以用来吹奏现代乐曲。

贾湖骨笛

▶ 贾湖骨笛是中国最早的乐器实物。

▶ 古人制造笛子常用的是竹子，偶尔也采用其他材料，如铜、铁、银、玉等，骨也是材料之一，但是比较少见。

想一想　骨笛是用什么骨头制成的？

有人认为：

猪、牛、马、羊等动物比较长的腿骨，经过处理后掏空骨头内部，可以制成骨笛。

还有人认为：

骨笛是鹫鹰翅骨制成的。这是一种猛禽，翅骨是空心的，而且十分坚硬，能够钻孔成笛。

小博士说

第一种观点是错误的，骨笛不可能用猪、牛、马、羊等哺乳动物的骨头来制作。这些动物的骨头既不结实，又不是空心的，开凿起来也容易破碎。第二种观点是正确的。古代的骨笛，除了用鹤类尺骨制作外，最常见的就是用鹫鹰翅骨制作的。这种骨笛广泛流行于我国的西藏、青海、云南、四川、甘肃等地区。

2. 编钟，皇家盛典的"宠儿"

笛子呀，琵琶呀，还有箫、二胡等乐器，都是一个人演奏、让耳朵来享受的乐器。古代的编钟，在音乐史上就大不一样了，那可是皇帝王侯专属的，生活在山林间的平民百姓是听不到、享受不了的。

编钟是汉族古代大型的打击乐器，在周朝兴起，春秋战国及秦朝十分盛行。那种铿锵激扬的乐声，震撼人心。

那么，编钟是什么材料制成的？怎么玩？编钟是青铜铸成的，由大小不同的钟、按照音调高低的次序悬挂，并编成一组或几组，每件钟敲击出的音高不同，却能演奏出一曲和谐悦耳的音乐。瞧，图中

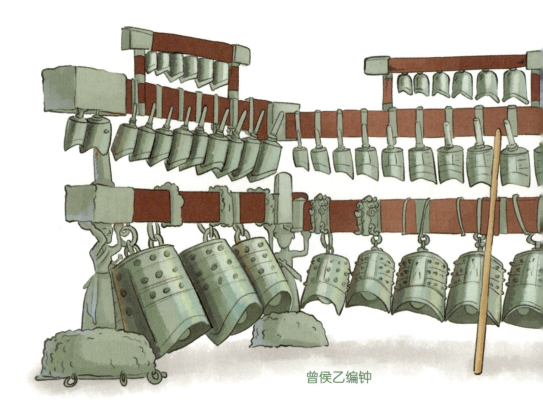

曾侯乙编钟

东周时期的曾侯乙编钟这副阵容，多么雄伟壮观啊！

知识链接　你了解编钟吗？

▶ 编钟的钟体小，音调就高，音量就小；钟体大，音调就低，音量就大。因此铸造时，钟的尺寸和形状决定了声音的效果。这可是一门技术活儿呀！

▶ 商代编钟多为 3 件一套，到西周中晚期增至 8 件一套。春秋末期到战国时期的编钟，有 9 件一套或 13 件一套。瞧，编钟的兄弟越来越多，队伍越来越壮大。

▶ 1957 年，我国河南信阳出土的一套编钟有 13 件。音乐家用它能演奏出乐曲《东方红》。1970 年，我国第一颗人造卫星就携带编钟版的《东方红》升空。

钮钟

甬钟

钟架

镈（bó）钟

拓展阅读

神奇的曾侯乙编钟

▶ 曾侯乙编钟于1978年在湖北随县（今随州）西北擂鼓墩出土。其编钟方阵可以占满现代音乐厅的整个舞台。它是东周时期的文物，由19件钮钟、45件甬钟，外加1件大镈钟，共65件组成，分3层8组挂在钟架上。它现在被收藏于湖北省博物馆。

▶ 曾侯乙编钟的用料是铜、锡、铅的合金。全套编钟装饰着人、兽、龙等花纹，铸刻着铭文，还有用来标明各钟发音的音调。仅这精致的做工，也让万人仰视。

▶ 曾侯乙编钟的出土，表明远在2400多年以前，我国的礼乐文明和青铜铸造技术已经达到很高水平。这么厉害，谁不想点个赞？

曾侯乙编钟局部

3. 箜篌，伴着驼铃而来

最早传入我国的中东乐器是什么，在什么时期传入的？如果我这样提问，你能答出来吗？即使奖励100分，你也未必能回答吧。

这种乐器叫箜篌（kōng hóu），不仅能独奏，也能伴奏，是我国古代很流行的一种乐器，民间百姓、皇室成员，都喜欢它。大约在西汉时期，箜篌（竖箜篌）从波斯（今伊朗）出发，伴着丝绸之路上的阵阵驼铃，穿越茫茫戈壁，被颇有艺术细胞的商贾们带到了我国，从此在中国扎下根来，在漫长的岁月里，很是风光呢。

在古代诗歌中，箜篌也经常露脸。我国汉乐府诗《孔雀东南飞》里就有这样的诗句：

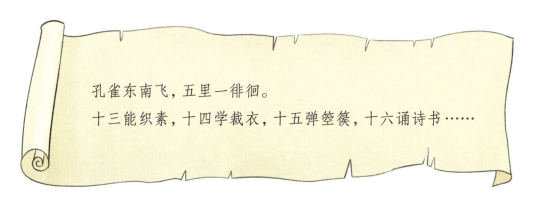

孔雀东南飞，五里一徘徊。
十三能织素，十四学裁衣，十五弹箜篌，十六诵诗书……

怎么样？《孔雀东南飞》说明，箜篌当时已经是女子十分喜爱的乐器，而且经常练习，弹箜篌甚至成了少女的艺术素养"必修课"。

有趣的是，西方的竖琴和我国的竖箜篌，外形非常相像，演奏方法也很相近，在造型艺术和音响效果方面都达到了较为完美的境地。

虽然它们的内部结构不同，追溯起源，却是同一个鼻祖。直至1811年，法国钢琴制造家埃拉尔将竖琴改造后，竖琴才成为西洋乐器的一颗明珠。遗憾的是，箜篌在历史长河中逐渐衰落消亡了。

现在，在我国音乐界、乐器界的一些有识之士的努力下，箜篌这种古乐器重获新生。各种新式的竖箜篌，被用于演奏，成为民族乐器中优秀的成员，受到人们的喜爱和好评。

雁柱箜篌（现代）

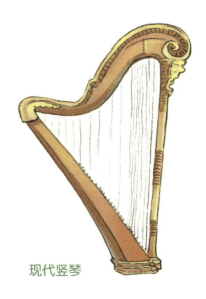

现代竖琴

箜篌小知识

▶ 古代有卧箜篌、竖箜篌、凤首箜篌三种类型。早在战国初期，我国的南方楚国就已经有与琴、瑟相似的卧箜篌。汉代刘向《世本·作篇》里也有关于卧箜篌的记载。这说明它至少有 2000 岁了。卧箜篌盛行于汉至隋唐，宋代后在中国失传。

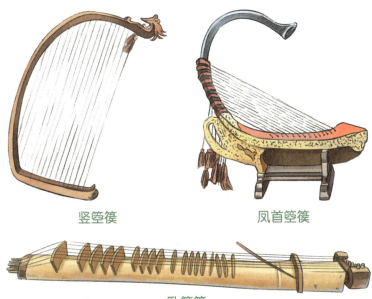

竖箜篌　　　　　　凤首箜篌

卧箜篌

▶ 唐代杜佑在《通典》里记载："竖箜篌，胡乐也，汉灵帝好之。"汉灵帝刘宏在位年代是公元 168 年至 189 年，这说明 1800 多年前，竖箜篌已传入中原。

▶ 竖箜篌在我国宋元时期继续流传使用，只是到宋代在民间失传，被宫廷独占，渐渐失去了生命力，到了明代已经是凤毛麟角，清代销声匿迹，300 年间无声无响。

想一想 **20 世纪 30 年代，我国怎样"复兴"箜篌？**

有人认为：

全国顶尖的乐器专家，根据古书的记载，集中研制箜篌（专指竖箜篌）的制作技术，果然如愿以偿。

还有人认为：

这太难了，毕竟箜篌已经失传，专家们也望"箜"兴叹，这次"复兴计划"宣告失败。

小博士说

　　事情的真相是这样的。20 世纪 30 年代，我国上海一批有名的演奏家和乐器制作师，制成了一套 143 件古今民族乐器。他们曾对 20 件乐器进行了改革尝试，其中就有一件竖箜篌。可是，由于战乱以及其他的原因，它未能流传下来，只有乐器照片保存在上海民族乐器一厂的中国民族乐器博物馆里。

4. 风琴，发明灵感来自中国

风琴是一种西洋乐器，名如其实，要靠风的力量来使琴簧振动发音。因此，脚踩踏板，带动风箱，再按动琴键，它就会发出声音来。如果风箱停止运动，失去动力，琴簧便不再振动，不论你怎么按动琴键，也不会演奏出声音，哪怕你是真正的"千里耳"，也休想听得见乐声。

那么，是谁发明了风琴？他是法国乐器师 G. J. 格勒尼埃。1810年的一天，正在潜心研究中国民族乐器笙的格勒尼埃，发现笙竟然是靠簧片的振动来发声的。

"好神奇呀！"格勒尼埃怎么也想不到，簧片振动竟然会产生这么美妙的乐声。

受此启发，格勒尼埃多次试验，终于制造出世界上最早的风琴。它能控制音响的渐强和渐弱，被人们叫作"表情风琴"。

19 世纪 40 年代，法国乐器师 A. F. 德班对表情风琴进行了改进，获得了不同音色的变化，并将其正式定名为"风琴"。从此，风琴渐渐在欧洲流行起来。到了 20 世纪，风琴又被更有音响效果的电子风琴所替代。对风琴本身来说，它毕竟完成了自己的历史使命。来自古老中国的这个"灵感"，给无数"洋耳朵"留下了美好难忘的乐声。

风琴小知识

▶ 钢琴和风琴都是键盘乐器，都有黑色键和白色键组成的键盘。但是，你按动琴键时，钢琴能发出优美明亮的琴声，风琴不能。

管风琴

风琴

▶ 管风琴是气鸣乐器，靠电力或其他动力鼓风供气给金属管或木管，用键盘操纵发音。管风琴体积较大，常建造在教堂、音乐厅内。

▶ 手风琴是自由簧气鸣乐器，用手拉风箱鼓气来激发簧片振动而发音。手风琴主要有三种形式：键盘式手风琴、键钮式手风琴和六角手风琴。它体积小，重量轻，常用于为歌舞伴奏。

键盘式手风琴

? 想一想 西洋乐器和民族乐器，你知道哪些？

第一步：

与音乐老师们面对面地聊一聊民族乐器，他们一定会告诉你竹笛、大鼓、锣鼓、排箫、笙、瑟等民族乐器的存在，甚至使用方法。说不定老师还会为你即兴演奏一曲呢！这样当面咨询，比去图书馆或上网查找资料，要有趣得多，印象也更深刻。

第二步：

如果可能，参观一下乐器博物馆，或者走访一个玩西洋乐器的乐队，或者到音乐厅欣赏一次交响乐演奏，你会对西洋乐器多一些了解。

第三步：

你要用心去体悟。有了"看"和"听"这些实际的经历，再去查找资料，分析一下民族乐器和西洋乐器的异同，你会有更多收获。

小博士说

知道一些民族乐器、西洋乐器的知识固然重要，但是，选择一项自己喜欢的乐器，练习一番，能演奏出来，使其成为自己的特长或爱好，那才是终身受益的。怎么样？快点行动吧！只要去做，永远都不迟。

第八章　雷达

耳朵与眼睛完美结合，让听到的变成看到的

　　大自然是人类的老师，人类的许多发明得益于它的启示。比如，鲸鱼、海豚的流线体让人类提高了造船技术；蝙蝠能够把耳朵的功能与眼睛的功能结合起来，人类由此脑洞大开，发明了雷达，让进攻的飞机、导弹有了克星。

　　人类由于有耳朵，能听到大自然的各种声音，如风声、雨声、涛声等，还有鸟鸣、虫吟、虎啸、狼嚎等。

　　谈到自然界的声音，最容易让人们想到的是鸟叫。一年四季，大自然的舞台上都有五颜六色的鸟儿登台献艺，一展歌喉，没有鸟鸣的世界好寂寞呀！昆虫王国中，蜗居在草丛里的蟋蟀称得上歌唱家，给了我们耳朵惬意的享受。哺乳动物中，蝙蝠的声音无疑最不引人注意，既没有马的嘶鸣那么豪迈铿锵，又没有山羊发出的咩咩声那么楚楚可怜。它正常飞行时发出的声音，人类是无法听到的。然而，让人类肃然起敬的是，蝙蝠的耳朵具有代替眼睛的功能，好神奇呀！

1.发现蝙蝠飞行的秘密

蝙蝠是一种昼伏夜出的动物，在古老的岩洞里，在古寺的断墙残壁间，都能发现它的行踪。火热的夏季，当夜幕降临之际，成群结队的蝙蝠就会从岩洞、林间，乱哄哄地飞出，忽上忽下，时左时右，一会儿急，一会儿缓……看上去，它们的飞行那么无序，可是，即使周围漆黑如墨，蝙蝠也能敏捷自如地捕捉夜间飞行的昆虫，绝不会碰得头破血流。那么，这是因为蝙蝠的眼睛特别好吗？不，它的视力已经完全退化。最早关注并系统研究蝙蝠飞行的是意大利人拉扎罗·斯帕兰扎尼。

斯帕兰扎尼是一位科学家，还是当地一位神父。1793 年夏日的一个夜晚，斯帕兰扎尼在街道上步行，看到一些蝙蝠在夜空中飞来飞去，发现它们不会撞上树木或墙壁。这个现象让他感到惊讶：蝙蝠有什么特殊本领，能在夜空中自如地飞行呢？

斯帕兰扎尼对这个问题确实弄不明白。他是一位做事严谨的科学家，具备良好的品质，觉得不能装懂，而要用事实来说话。于是，他来到郊外，费尽力气，终于捉到了几

名人档案馆

姓名：拉扎罗·斯帕兰扎尼

（1729—1799）

国籍：意大利

成就：斯帕兰扎尼是博物学家，是生物学中导入实验方法的先驱。

经历：斯帕兰扎尼爱做实验。为了研究蚯蚓的再生能力，他数千次切蚯蚓，就是要找准它再生的部位；他还曾研究过蜗牛的头、触角和足，青蛙和蟾蜍四肢的再生能力。经过无数次实验，他发现，就动物的再生能力而言，低等动物比高等动物强，年幼的动物比成年动物强。他还通过上百次的对比实验，发现将浸液放在密封的长颈瓶中煮一小时，就不会再有微生物。瞧，这就是实践出真知。

只蝙蝠，然后把这几只蝙蝠囚禁起来。干什么呢？ 他想做个实验，看看蝙蝠究竟是怎么飞行的，揭开它的"探路之谜"。

第一次，他把蝙蝠的眼睛蒙住，发现它照样悠然地飞行，蒙眼睛不影响它辨别方向；第二次，他把蝙蝠的鼻子堵住，发现它还是轻松地飞行，堵鼻子也不影响它辨别方向；第三次，他把油漆涂在蝙蝠的翅膀上，发现这还是不影响它飞行；第四次，他把蝙蝠的耳朵蒙上，才发现蝙蝠到处乱撞，像一只无头苍蝇……

斯帕兰扎尼通过实验得出的结论，引起了轰动。此后，许多科学家进一步研究了这个课题。直至有一天，人们终于弄清楚：蝙蝠是利用超声波实现夜间导航的。

知识链接　奇特的蝙蝠

▶ 蝙蝠平均每秒钟叫 30 次左右，在接近目标时，每秒钟叫 60 次左右。发出的声波碰到周围的物体会反射回来。

▶ 蝙蝠也有四肢，但是它的前后肢中间长着一层薄薄的翼膜，通常后肢之间也有翼膜。这种翼膜就是它飞行的翅膀。前肢的第一指上长着短爪。

▶ 蝙蝠是胎生的，依靠吃母蝙蝠的奶长大。因此，蝙蝠属于哺乳动物。

想一想 蝙蝠为什么能穿越铃铛阵？

这也是一个著名的实验。科学家把蝙蝠的嗅觉和能力很弱的视觉人为地去掉，蝙蝠就成了没有鼻子、没有眼睛的"残疾"小兽，好可怜呀！

在一间屋子里系几条绳子，并在绳子上挂很多铃铛，科学家布设好铃铛阵以后，让这几只失去视觉和嗅觉的蝙蝠在屋子内飞。

令人惊讶的是铃铛一个也没响，蝙蝠能够自由地在屋子里飞行，而绝碰不到任何一个障碍。嘿，蝙蝠成功地穿越了铃铛阵。

小博士说

蝙蝠在飞行时，断断续续地发出一种人耳听不到的叫声，这种叫声的频率大多为 20000～60000 赫兹。蝙蝠的听觉非常灵敏，能够准确地接收到反射回来的声波，并判断出反射声波的物体所处的位置、与自己的距离等，从而轻松避开障碍物。

2. 奇妙的"回声定位术"

在斯帕兰扎尼研究成果的基础上，科学家们终于发现，蝙蝠在飞行时，喉咙里产生了每秒钟振动 2 万次以上的超声波，通过嘴巴或鼻孔向外发出；当超声波遇到食物或障碍物，立即形成反射的回波，蝙蝠那对宽大的耳朵便能够十分灵敏地接收这些回波信号。蝙蝠根据反射回来的信号来判定目标是食物还是障碍物，以及物体的大小、距离等，从而确定是捕获，还是躲避。

科学家把蝙蝠这种探测目标的方法叫"回声定位术"。1887 年，德国物理学家赫兹在证实电磁波的存在时，发现电磁波在传播的过程中遇到金属物会被反射回来，就如同镜子可以反射光、蝙蝠用回声定位一样。这实际上就是雷达的工作原理。遗憾的是，他没有继续深入地研究下去。

1934 年，英国人为了防御敌机对本土的攻击，开始了雷达的研制。当时，除了看见飞机和听见飞机的声音外，还没有一种能提前发现飞机的方法。

1935 年，英国政府命令皇家无线电研究所所长罗伯特·沃特森·瓦特，研制一种能够探测远距离飞机的装置。各种迹象表明，德国法西斯已经准备把侵略的"魔爪"伸向欧洲大陆了，英国当然难逃一劫。有着强烈爱国心的瓦特立即带着他的助手进行这项专题研究。可是，说起来容易做起来难，课题组成员夜以继日地攻关，仍没有什么有效进展。

有一天，瓦特在调试监测器时忽然发现，荧光屏上有小小的亮点。"真奇怪，为什么会有亮点呢？"瓦特说。

"是不是显像装置出了故障？"一位助手说。

"也许是附近有什么干扰吧。"另一位助手说出了自己的看法。

可是，他们仔细地检查荧光屏以后没发现什么问题，把附近的电源关了，那亮点还是没有消失。

"把监测器搬到外面再试试，"瓦特对助手们说，"抓住这个可疑的亮点，说不定还能弄出点名堂来呢。"

当他们把监测器搬到离大楼远一点儿的地方，继续按原方法操作时，荧光屏上那神秘的亮点没有了。瓦特兴奋地说："这说明，我们研制的设备已经能够测出被障碍物反射回来的无线电回波啦，这道理与蝙蝠的耳朵能接收超声波一样。"

几天以后，瓦特命令助手们把设备装在一辆载重汽车上试验，同时，配合试验的一架飞机从 15 千米以外的天空向试验场地飞来：15 千米，14 千米，13 千米，12 千米……荧光屏上终于闪现了一个耀眼的亮点。

"成功啦，成功啦！"瓦特与助手们激动地抱成一团。

这就是世界上第一台雷达。这台雷达能发出波长 1.5 厘米的微波。因为微波比中波、短波的方向性都要好，遇到障碍后反射回的能量大，所以可用于探测空中飞行的飞机。为了安全和方便，当时人们称这种雷达为"CH 系统"。半年后，瓦特和他的助手们又攻克了许多技术难关，终于使雷达能够发现 80 千米以外的飞机，并准确地读出它的高度，把听到的（声波）变成看到的（亮点）。

随后，第二次世界大战爆发，空中"千里眼"雷达在保卫英国领空、对付德国空军入侵方面，立下了汗马功劳，而这一切都离不开蝙蝠的"回声定位术"给人类带来的启迪。

知识链接　雷达大显身手

▶ 1935 年，法国人古顿研制出的磁控管能产生波长 16 厘米的信号，可以在雾天或黑夜发现其他船只。这是雷达的雏形。

▶ 1936 年 1 月，英国人瓦特在索夫克海岸架起了英国第一个雷达站。英国空军又增设了五个，它们在第二次世界大战中发挥了重要作用。

▶ 1944 年，马可尼公司成功设计、开发并生产"布袋式"系统，以及"地毡式"雷达干扰系统。前者用来截取德国的无线电通信信号，而后者则用来装备英国皇家空军的轰炸机队。

想一想 "不列颠之战"究竟是英国赢，还是德国赢？

有人认为：

德国赢。第二次世界大战期间，德军的数百架战斗机对英国发动突然袭击，当然会一举击溃英军。

还有人认为：

英国赢。德军的飞机刚刚飞抵英国领空，就遭到了英军炮火的拦截，德军的飞机损失惨重。

小博士说

　　不列颠之战是 1940—1941 年德国对英国发动的大规模空战。双方均损失惨重，但以英国胜利、德国失败而告终。英国的战斗机、雷达、高炮和拦阻气球组成了完整的防空体系。尤其是英国的雷达预警系统，能提前发现来袭敌机的数量和方向，使战斗机能有效迎战。

3. 雷达的 "今生今世"

雷达在第二次世界大战中得以大显身手。英国人为了对付德国战机，布设了 200 千米长的雷达网，给德军造成极大的威胁。英国海军又将雷达安装在军舰上，这些雷达在海战中也发挥了重要作用，使英军赢得了空中优势。

1941 年，苏联科学家在飞机上装备了预警雷达。后来，生物学家研究发现，鸽子的眼睛里有约百万根密集的神经纤维，视网膜内有 100 多万个神经元，能完成一系列复杂的特殊操作——可以在极短时间内，准确地判断出物体的亮度、垂直边和水平边。科学家根据鸽眼工作原理制成的"鸽眼电子模型"，改进了雷达系统，把它设置在机场边缘和国境线上，它只能发现飞进来的敌方飞机和导弹，对飞出去的则不起反应。这样，便提高了雷达发现目标的准确度。

美国雷达 SBX-1 海上巨眼

现在，雷达的预警能力越来越强，效果也越来越好。美国有一款非常厉害的雷达，代号 SBX-1 海上巨眼。这是美国最先进的预警雷达之一，它的最大探测距离可达 7800 千米，也是目前世界上探测距离最远的雷达。俄罗斯研制的预警雷达最大探测距离可达 6000 千米，遗憾的是，能耗太高，平均一天消耗的电费至少有 10 万美元，每天 24小时转，太烧钱啦！我国研制的量子雷达称得上世界上最先进的雷达之一，虽然不是测距最远的，预警精确度却非常高，而且它是为隐身武器"量身定制"的。嘿，小读者，我们可以一起骄傲一把啦。

目前，雷达已被广泛地应用于侦察、警戒、导航、跟踪、瞄准、制导和地形测量，还可用来探测天气，查找地下几十米深处的古墓、空洞、蚁穴等。

知识链接 日渐发展的雷达技术

▶ 1959 年，美国通用电气公司研制出弹道导弹预警雷达系统，可发现并跟踪 4828 千米外、约 966 千米高的导弹，预警时间为 20 分钟。

▶ 1964 年，美国装置了第一个空间轨道监视雷达，用于监视人造地球卫星或空间飞行器。

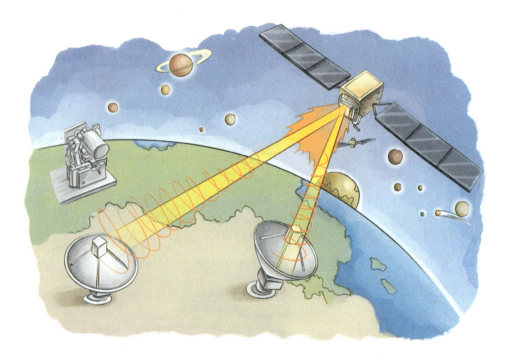

▶ 1971 年，加拿大伊朱卡等三人发明了全息矩阵雷达。

▶ 1993 年，美国人德雷尔·麦吉尔发明了多塔查克超智能雷达。

▶ 1998 年，我国中科院电子所研制的星载合成孔径雷达对长江中下游特大洪涝灾害进行了监测，获取了受灾地区的图像，为抗洪救灾提供了准确的灾情数据。

想一想 **鸽子的眼睛有多"牛"？**

如果你喜欢饲养鸽子，就把一只成年的鸽子带到亲戚或朋友家，放在笼子里喂养三五天。记得让对方精心喂养，吃的喝的，一样也不要少，千万别亏待你的宝贝。

然后，你悄悄地回家把这只鸽子的伴侣藏起来，在另一个笼子里也喂养三五天。当然，你也要十分用心饲养，不要委屈了"小可爱"呀。

你用心去观察，鸽子怎样找到自己的"另一半"。

你和亲戚或者朋友约好一天，你先把笼子里的鸽子放出来，再通知对方把另一只鸽子放飞，不论是几千米、几十千米，两只鸽子都会上演一场"亲密约会"呢。

小博士说

鸽子有一双锐利的眼睛，纵目眺望，能够一眼认出翱翔在天外的老鹰，并准确地识别出这只老鹰是吃动物腐尸还是捕捉活物的；即使鸽子离巢很久，一旦归来，仍然能够准确地找到旧居，也能够在千百只盘旋的鸽子中认出自己的伴侣……瞧，多神奇！